微纳米光子器件与集成
系统设计和制造

夏金安　著

科学出版社
北京

内 容 简 介

微纳光子器件是光子集成系统的核心元件,应用于通信和计算机系统,可降低系统的功率消耗、减少信号串扰、改善系统的安全性。本书主要介绍了集成光子系统中的硅基混合集成激光器、硅激光器、集成锁模激光器、光放大器、微环谐振腔光开关器件的结构与运行原理;对部分器件的制作工艺作了介绍;引入了新近报道的光子集成硅基激光器和光放大器,如硅、铟镓砷磷混合激光器、拉曼激光器、单块量子点激光器和硅基混合放大器、拉曼放大器和高增益布里渊光放大器的结构、原理;介绍了多种微型光网络和芯片光网络的结构、原理、设计方法和技术;对掩模版设计作了简要介绍;介绍了量子级联激光器(含超短脉冲量子级联激光器)的结构、工作原理和特性,太赫兹量子级联激光器、放大器的系统结构和工作原理;还介绍了量子点激光器、半导体量子点单光子源和纠缠双光子源的结构、工作原理以及特性参数测试技术。

本书可作为光电信息科学与工程和相近专业高年级本科生以及光学工程专业研究生的教材,也可作为光电信息工程、光电子技术领域工程技术和研究人员的参考用书。

图书在版编目(CIP)数据

微纳米光子器件与集成系统设计和制造／夏金安著.
—北京:科学出版社,2023.6
ISBN 978-7-03-073811-0

Ⅰ.①微… Ⅱ.①夏… Ⅲ.①纳米技术-应用-光电器件-集成电路-系统设计 Ⅳ.①TN150.2

中国版本图书馆 CIP 数据核字(2022)第 221163 号

责任编辑:许 健／责任校对:谭宏宇
责任印制:黄晓鸣／封面设计:殷 靓

科学出版社 出版
北京东黄城根北街 16 号
邮政编码:100717
http://www.sciencep.com

南京展望文化发展有限公司排版
广东虎彩云印刷有限公司印刷
科学出版社发行 各地新华书店经销

*

2023 年 6 月第 一 版 开本:B5(720×1000)
2024 年 11 月第五次印刷 印张:12 1/4
字数:204 000

定价:100.00 元
(如有印装质量问题,我社负责调换)

前　言

以微米和纳米尺度的光子器件为主体的光子集成应用在通信和计算机系统中可极大降低功率消耗、减少信号串扰、改善安全性,硅光子集成技术的发展,给通信和高性能计算机系统带来巨大冲击,在全世界引起了广泛的研究和开发兴趣。

本书介绍了光子集成系统的微纳结构尺寸核心元器件,包括硅基激光器、光放大器、光探测器、光开关和光收发机的结构原理和设计、制造技术。激光器主要介绍硅基混合集成激光器,含分布反馈单模激光器、垂直腔表面发射激光器、微环激光器、阵列波导光栅激光器、硅基掺稀土混合集成激光器、硅基拉曼激光器,并给出了它们运行的物理方程模型。本书还介绍了集成超短脉冲激光器的结构、运行原理和集成锁模激光器物理方程模型。

本书以一定的篇幅介绍了光学微环谐振腔的结构、运行机制和物理原理,介绍了基于硅材料的微环谐振腔结构的激光器、光交换器件、光开关、波长选择开关模块、光探测器、光收发器、芯片光网络、大规模光子集成系统的基本结构、基本原理、设计和制造技术,并对光学微环谐振腔用于光开关、光交换的带宽控制机制和结构设计作了简要描述。

本书介绍了多种微型光网络和片上光网络的结构、原理,列举了多个实例,对掩模版设计作了简要介绍。

量子级联激光器中的电子运动和受激辐射过程与常规半导体激光器的电子-空穴运动和复合辐射机制截然不同,为此,本书介绍了量子级联激光器能带结构、谐振腔结构设计、工作原理和特性。量子级联激光器可产生强度高、方向性好、输出稳定的太赫兹波辐射,激光器体积小、结构紧凑,因此书中还介绍了太赫兹量子级联激光器、超短脉冲太赫兹量子级联激光器、太赫兹量子级联放大器的工作原理、系统结构和特性。

量子光源是量子通信、量子计算和量子测量等多种量子应用系统的关键器件,研制高效、高保真度、按需发射、高度全同性光子源的任务十分紧迫。因三维尺寸约束效应,半导体量子点呈现离散的能级分布,这种特征使量子点在特定的光学谐振腔中能够高效地产生按需发射、具有高亮度和保真度的单光子和纠缠双光子。因此,本书用一定篇幅介绍了量子点激光器中量子点能带结构、量子点激光器工作原理和特性,特别介绍了半导体量子点单光子源和纠缠双光子源的结构、工作原理和特性参数测试技术。

本书的编写经历较长时间,它的编写和出版受多方帮助和关注,衷心感谢帮助、关心和支持本书出版的所有人员,本书中微环谐振腔光开关器件的部分内容是作者在意大利都灵理工大学(Politecnico di Torino)工作和学习期间在 Andrea Bianco 教授指导下完成的成果,在此对他表示诚挚的谢意。本书受上海工程技术大学学术著作专项资金资助,在此致以诚挚的谢意。

由于作者水平有限,书中不足、不妥之处在所难免,敬请读者批评指正。

目　录

第1章　概述 ……………………………………………… 1

1.1　光子集成 …………………………………………… 1

1.2　光子集成器件 ……………………………………… 1

1.3　本书概要 …………………………………………… 3

参考文献 ………………………………………………… 4

第2章　硅基集成激光器 ………………………………… 7

2.1　硅基混合集成激光器制作工艺 …………………… 7

2.2　硅基混合集成波导间耦合结构 …………………… 8

2.3　典型的硅基混合集成激光器 ……………………… 9

    2.3.1　DFB 单模激光器 ……………………………… 9

    2.3.2　垂直腔表面发射激光器 ……………………… 10

    2.3.3　微环激光器 …………………………………… 10

    2.3.4　阵列波导光栅激光器 ………………………… 11

    2.3.5　硅基掺稀土混合集成激光器 ………………… 12

    2.3.6　硅表面直接生长的激光器 …………………… 13

    2.3.7　集成激光器物理方程 ………………………… 13

2.4　硅基拉曼激光器 …………………………………… 15

    2.4.1　硅基拉曼激光器结构 ………………………… 15

    2.4.2　硅基拉曼激光器有害因素 …………………… 15

    2.4.3　拉曼激光运行控制方程 ……………………… 16

2.5　小结 ………………………………………………… 18

参考文献 ………………………………………………… 18

第3章　集成超短脉冲激光器 ················· 20

3.1　硅基锁模激光器 ························· 20

3.2　集成锁模激光器物理方程模型 ················· 22

　　3.2.1　激光器波导中电场传输方程 ··············· 22

　　3.2.2　光放大速率方程 ···················· 23

　　3.2.3　可饱和吸收器动态方程 ················· 25

3.3　锁模激光器脉冲压缩 ······················ 26

3.4　小结 ····························· 27

参考文献 ····························· 27

第4章　硅基集成光放大器 ···················· 29

4.1　硅基混合集成光放大器 ···················· 29

　　4.1.1　法布里–珀罗型光放大器物理方程 ·········· 29

　　4.1.2　行波放大物理方程 ··················· 31

　　4.1.3　硅基集成光放大器实例 ················· 32

4.2　硅拉曼放大器 ························· 32

4.3　硅布里渊光放大器 ······················ 34

4.4　小结 ····························· 35

参考文献 ····························· 35

第5章　微环谐振腔光开关器件 ················· 37

5.1　微环谐振腔光开关基本器件 ················· 37

5.2　微环谐振腔波长调谐技术 ··················· 40

　　5.2.1　电光调控微环谐振腔光开关 ·············· 40

　　5.2.2　微环谐振腔热光调控光开关 ·············· 43

　　5.2.3　光控微环谐振腔开关 ················· 46

5.3　微环谐振腔光开关性能比较 ················· 48

　　5.3.1　电光调控微环谐振腔开关性能 ············· 48

　　5.3.2　热光调控微环谐振腔光开关性能 ············ 49

　　5.3.3　光控微环谐振腔开关性能 ··············· 50

5.4　小结 ····························· 51

参考文献 ····························· 51

第6章　高阶微环谐振腔器件设计 ················ 55

6.1　高阶微环谐振腔光开关和传输矩阵模型 ·········· 55

6.2 高阶微环谐振腔光开关的物理特性 ·················· 57

　　6.2.1 微环数对高阶微环谐振腔光开关物理
　　　　　特性影响 ································ 58

　　6.2.2 耦合系数对高阶微环谐振腔器件的物理
　　　　　特性影响 ································ 59

　　6.2.3 微环尺寸对高阶微环谐振腔开关光谱
　　　　　响应特性影响 ·························· 61

6.3 高阶微环谐振腔波长选择光开关 ·················· 63

6.4 多级高阶微环谐振腔器件 ························ 65

　　6.4.1 多级高阶微环谐振腔器件结构 ·············· 65

　　6.4.2 串级微环谐振腔器件传输矩阵算法改进 ······ 66

　　6.4.3 多级高阶微环谐振腔开关的光谱响应
　　　　　特性 ·································· 67

6.5 带宽可变微环谐振腔波长选择开关 ················ 69

　　6.5.1 带宽可变微环谐振腔波长选择开关结构
　　　　　设计 ·································· 69

　　6.5.2 可重构分插复用结构 ···················· 70

6.6 多端口微环谐振腔波长选择开关 ·················· 71

　　6.6.1 复杂微环谐振腔波长选择开关设计 ·········· 71

　　6.6.2 多端口微环谐振腔波长选择开关结构 ········ 75

6.7 小结 ·································· 78

参考文献 ······································ 78

第7章　硅基光探测器和收发机 ·················· 82

7.1 光探测器的工作特性 ·························· 82

7.2 波导耦合 Ge－on－Si 雪崩光电二极管 ············ 85

7.3 Si/Ge/Si p－i－n 光电二极管 ·················· 87

7.4 硅基微环谐振腔光探测器 ······················ 87

7.5 硅基集成光收发机 ·························· 87

　　7.5.1 硅基微环谐振腔光收发机 ················ 88

　　7.5.2 硅基混合集成光收发机 ·················· 88

7.6 小结 ·································· 89

参考文献 ······································ 89

第8章　片上光网络 ·· 90

8.1　片上光网络 ··· 90

　　8.1.1　基于光波导总线的片上光网络 ······················· 91

　　8.1.2　基于微环谐振腔器件的集成光网络 ·················· 93

　　8.1.3　基于微环谐振腔器件和阵列波导光栅

　　　　　路由器的集成光网络 ································· 94

8.2　片上光网络设计 ··· 96

8.3　小结 ··· 97

参考文献 ··· 97

第9章　光波导 ·· 99

9.1　集成光波导结构 ··· 99

9.2　光波导传输模式 ··· 99

　　9.2.1　平面形波导的低阶模和模式截止条件 ······ 100

　　9.2.2　条形波导模式 ··· 102

9.3　光波导制作技术 ·· 102

　　9.3.1　平面波导 ·· 103

　　9.3.2　条形光波导 ··· 103

9.4　光波导测试 ··· 107

9.5　小结 ·· 108

参考文献 ·· 109

第10章　光刻掩模版设计简介 ·· 110

10.1　光刻掩模版的制作 ··· 110

10.2　光刻机曝光方式 ·· 112

　　10.2.1　透射式曝光 ·· 112

　　10.2.2　反射式曝光 ·· 114

10.3　光刻对准原理 ··· 115

　　10.3.1　单面光刻对准 ······································· 115

　　10.3.2　双面光刻对准 ······································· 115

　　10.3.3　套准精度 ·· 116

10.4　光刻掩模版设计对准标记 ····································· 117

　　10.4.1　光刻掩模版定位标记图案和要求 ······ 117

　　10.4.2　光刻掩模版对准检测图案 ··············· 119

　　10.4.3　掩模版的设计原则 ···················· 119

　　　　　　10.4.4　对准标记设计实例 ················· 120
　　10.5　光刻掩模版的光学增强技术 ················· 122
　　　　　　10.5.1　相移掩模技术 ················· 122
　　　　　　10.5.2　光学临近修正 ················· 123
　　　　　　10.5.3　光学临近修正方法 ················· 123
　　10.6　曝光系统的分辨率 ················· 123
　　10.7　焦深 ················· 124
　　10.8　小结 ················· 124
　　参考文献 ················· 125

第11章　量子级联激光器 ················· 126
　　11.1　量子级联激光器能带结构 ················· 126
　　11.2　量子级联激光器材料及其对激光器性能的
　　　　　影响 ················· 129
　　11.3　激光谐振腔结构 ················· 131
　　　　　　11.3.1　法布里-珀罗腔 ················· 133
　　　　　　11.3.2　分布反馈光栅谐振腔 ················· 133
　　　　　　11.3.3　外腔结构 ················· 133
　　11.4　量子级联激光器的特性 ················· 134
　　　　　　11.4.1　脉冲输出量子级联激光器 ················· 134
　　　　　　11.4.2　连续输出量子级联激光器 ················· 136
　　11.5　波长调谐技术 ················· 136
　　11.6　光子集成 ················· 137
　　　　　　11.6.1　单片集成 ················· 137
　　　　　　11.6.2　异质键合集成 ················· 138
　　　　　　11.6.3　混合外腔集成 ················· 139
　　11.7　太赫兹量子级联激光器 ················· 140
　　　　　　11.7.1　太赫兹量子级联激光器波导结构及
　　　　　　　　　　输出光束质量控制 ················· 141
　　　　　　11.7.2　提升太赫兹量子级联激光器运行
　　　　　　　　　　温度 ················· 144
　　11.8　超短脉冲量子级联激光器 ················· 144
　　　　　　11.8.1　中红外超短脉冲量子级联激光器 ········· 145
　　　　　　11.8.2　超短脉冲太赫兹量子级联激光器 ········· 145
　　　　　　11.8.3　单周期太赫兹脉冲产生 ················· 146

11.9　太赫兹辐射量子级联放大器 ………………………… 147

11.10　小结 ………………………………………………… 149

参考文献 …………………………………………………… 150

第12章　半导体量子点激光器和量子光源 ……………… 154

12.1　量子点激光器中量子点能级结构 ………………… 154

12.2　半导体量子点激光器材料和制备技术 …………… 155

12.3　半导体量子点激光器结构 ………………………… 157

12.3.1　法布里-珀罗谐振腔量子点激光器 ………… 157

12.3.2　分布反馈量子点激光器 …………………… 157

12.3.3　垂直腔表面发射半导体量子点激光器 ……………………………………………… 158

12.3.4　微环和微盘半导体量子点激光器 ………… 159

12.4　半导体量子点激光器的特性 ……………………… 160

12.4.1　侧向发射半导体量子点激光器 …………… 160

12.4.2　垂直腔表面发射半导体量子点激光器 …… 162

12.4.3　半导体量子点激光器优缺点 ……………… 163

12.5　硅基集成 …………………………………………… 165

12.5.1　硅基混合集成 ……………………………… 165

12.5.2　硅基直接集成 ……………………………… 165

12.6　锁模半导体量子点激光器 ………………………… 167

12.6.1　量子点材料和锁模量子点激光器结构 …………………………………………… 168

12.6.2　减小锁模量子点激光器脉冲宽度和提高功率技术 ………………………………… 169

12.6.3　噪声特性 …………………………………… 172

12.7　半导体量子光源 …………………………………… 173

12.7.1　半导体量子光源应用 ……………………… 173

12.7.2　半导体量子点单光子源 …………………… 173

12.7.3　半导体量子点纠缠双光子源 ……………… 177

12.7.4　半导体量子光源特性参数 ………………… 177

12.8　小结 ………………………………………………… 179

参考文献 …………………………………………………… 180

第1章 概 述

1.1 光 子 集 成

光子集成是将多个光学器件、光波导和电子元件组成在一起的技术,可以说光子集成技术是受集成电子技术启发发展起来的,光子集成技术迅猛发展得益于集成电子技术中广泛使用的成熟的互补金属氧化物半导体(complementary metal oxide semiconductor, COMS)制造技术,但是 CMOS 制造技术所用的材料主要是硅,将光子器件直接集成到硅材料上,或直接用硅材料制作有源器件,依然有不少问题需要解决,不仅因为直接用硅材料制作有源器件不能产生足够的增益,而且硅缺乏适当的光学性能无法制作某些特定功能性无源器件,导致目前光子集成到 CMOS 的努力大多限制在将光子器件集成到绝缘体上硅(silicon on insulator, SOI)上,即采用硅基混合集成的方式实现光子集成。

硅基混合光子集成技术发展迅猛,特别是硅基混合集成半导体激光器的成功研制,解决了互补金属氧化物半导体制造工艺兼容问题,使光子与电子元器件可在相同平台上高密度集成。除了硅用于混合光子集成外,铌酸锂($LiNbO_3$)、二氧化硅(SiO_2)、氮化硅(SiN_x)、蓝宝石(Al_2O_3)以及制作激光器件或二极管的部分Ⅲ-Ⅴ和Ⅱ-Ⅵ族半导体材料(如砷化镓、镓铝砷、镓砷磷、镓铟砷等)也用于混合光子集成或单片光子集成。单片光子集成使用单种材料作为衬底和器件材料也发展起来了。

集成光子技术极大地降低光网络的功率损耗,减少迟滞,通信网络可用的带宽资源也大大增加,给绿色信息和通信以及高性能计算机系统带来巨大冲击,在全球引起了广泛的研究和开发兴趣。

1.2 光子集成器件

典型光子集成器件有光开关、光调制器、路由器、硅基集成激光器、光放大器、光探测器和其他光互连器件。

光子集成系统中值得提及的是微环谐振腔器件或微环谐振器,2005 年微环谐振腔光调制器在 *Nature* 上报道[1]并引起了广泛关注,至今已发展成具备多种功能的器件。微环谐振器可用于光通信和光互联网的基本元件,如光调制器、光滤波器、光开关、光波分复用/解复用器、路由器、波长变换器和激光器等[1-11]。由于微环谐振腔尺寸小、结构紧凑,这些器件可以集成在一块芯片上,构成片上光网络。最近实验成果显示,微环谐振腔作为光子集成系统的关键器件,在网络功能、结构尺寸、COMS 兼容性方面展现出非常灵活和多样的性质,显示集成光电子技术用于芯片和块对块相互连接领域具有强大的生命力。

早期集成在芯片上的光网络主要是单波长运行[6,9,10],利用微环谐振腔器件,当光梳波长与微环谐振腔周期匹配时,支持光梳波长系列运行,实现大量波长通道间的转换[1],结合波分复用技术,实现高传输速率。随着研究工作的深入,片上光网络已实现多波长运行,各种结构的高速片上光网络应运而生。

微环谐振腔已经用于点对点(point-to-point)、板对板(board-to-board)光互连结构[12-14],这些结构中发送机利用可调谐光源,经光开关、路由模块将数据包发送给接收机,经信号放大和处理后将原先数据信息提取出来。这些结构对频谱资源的利用非常灵活,但是对微环谐振腔进行控制实现信号通道间隔和带宽可变有难度。主要的挑战是制作以微环谐振腔器件为主体的网络结构的投资是否经济、运行是否可靠。

微环谐振腔在多方面显示出优势,它们的尺寸小,结构紧凑,可用于构建多种功能的器件,非常适合集成。通过控制载流子注入可以实现高速光转换,而且它们的功率损耗特别低。此外,可以在微环谐振腔光开关中产生超窄的通带宽度(如 12.5 GHz,对应波长带宽接近 0.1 nm),这种带宽支持弹性通道网络对通带的要求,而且这种窄带宽在常规光子设备中是很难取得的。

弹性通道网络又称可变带宽网络,它可有效利用有限的频谱资源[15-19]。在这种网络中,不仅利用更小频率间隔,而且使用弹性频率栅格,即使用灵活多变的弹性通道间隔,参见 ITU - T G.694.1 标准[20]。ITU - T G.694.1 标准详细介绍了频率间隔大小和频谱分布,特别是建议使用灵活多变的弹性频率间隔。它不同于传统的固定通道网络,固定通道网络中频率间隔、频率固化,不适应网络数据流大容量、高速率、可扩展的要求,网络配置缺乏灵活性,也不能适应网络对载波频率的动态变化要求,带宽资源浪费且效率低,而现有频谱资源有限。

弹性频率栅格主要用在密分复用光网络中,无论是中心频率、通道间隔,还是频槽定义,与常规的固定频率栅格分配不同。主要区别在于参与交换的基本单元是频槽,而不是固定频率或波长,不仅通道的频率发生变化,而且频槽宽度也随着负荷变化。频槽定义为围绕中心频率的某范围内的频谱,频槽宽度决定了光谱或频谱的数量,无论光谱的位置如何。其中心频率为

$$f = 193.1 + n \times 0.006\,25 \text{ THz}$$

其中,193.1 THz 是 ITU－T 设置的基本频率;n 为整数,可以是正值、负值和零。中心频率可以 6.25 GHz 的步长变化。频槽宽度设置为 $m \times 12.5$ GHz,m 是大于或等于 1 的整数。在弹性网络中,一个载波可以使用多个频槽中的某一个频槽的频率资源,一个频槽的频率资源也可以被多个载波使用,依据网络负荷动态调整。但在固定通道间隔的网络中,每个载波占用一个频槽。

微环谐振腔也面临着挑战,同常规光网络中的光开关设备相比,微环谐振腔光开关设备的插入损耗高,共振波长对微环直径或周长的误差敏感,制作微环谐振腔的粗糙的波导表面会产生后向反射,导致信号干扰,还会增加传输损耗。微环谐振腔波导的折射率和主波导之间的耦合系数随光波长或频率变化,对光在微环中传输有影响,而且微环谐振腔中的光传输行为对光的偏振敏感。

1.3 本 书 概 要

本书将重点介绍集成硅光子系统中的一些新型核心器件的结构、运行原理、设计和制造技术。

第 2~4 章介绍硅基混合集成激光器、硅基拉曼激光器和硅表面直接生长结构的激光器和混合集成光放大器、硅拉曼放大器、硅布里渊放大器的结构性能和制造以及它们的结构设计。

第 5 章介绍微环谐振腔的基本结构、运行原理、主要参数,介绍复杂光交换结构和光内连网中的微环谐振腔基本单元拓扑结构,还介绍微环谐振腔的波长调谐技术,包括电光、热光和非线性光学调谐技术,列举相应实例进行说明,分析讨论微环谐振腔各种调谐技术的性能差异。

第 6 章介绍微环谐振腔设备模型和耦合方程,分析微环谐振腔器件的结构和光谱响应以及插入损耗特性,首先列举简单微环拓扑结构,用于弹性光网

络中的波长选择开关,介绍微环开关可能取得的通带宽度,并就如何取得平坦通带以及功能限制进行分析。随后介绍多级高阶微环谐振腔器件和微环谐振腔开关的频谱通带整形。重点介绍并联的高阶微环谐振腔开关构成和串联的多级高阶微环谐振腔开关模块,列举并联的高阶微环谐振腔结构和串联的高阶微环谐振腔二级开关结构,对它们的插入损耗和串扰特性进行分析比较,并对可重构的微环谐振腔分插复用器作简单介绍。介绍基于微环谐振腔的多端口波长选择开关的结构和原理,分析它们的带宽、插入损耗、串扰,对它们的设计事项进行介绍。

光探测器在光互连、光通信、光传感系统中起重要作用,将波导耦合光探测器集成到硅光子平台取得了重大进展,第 7 章将重点介绍波导耦合 Ge‐on‐Si 雪崩光电二极管、Si/Ge/Si pin 光电二极管、硅基微环光探测器,以及硅基集成光收发机。

第 8 章列举片上集成光网络的几种基本结构,介绍其原理,对其设计作简要描述。

第 9 章简要介绍光子集成系统中常用的波导结构、波导的低阶模式、波导光模的截止条件,以及波导的制造和测试方法。

第 10 章简要介绍微纳光子集成制造过程中光刻掩模版设计的初步知识。

第 11 章介绍量子级联激光器能带结构设计、现有激光材料和制造技术、激光谐振腔结构设计、激光输出方式、波长调谐技术和光子集成技术等,并介绍了太赫兹量子级联激光器、超短脉冲太赫兹量子级联激光器、太赫兹辐射量子级联放大器的工作原理和系统结构。

第 12 章介绍量子点激光器中量子点能级结构、半导体量子点制备技术、量子点激光器设计和光子集成技术等,并简要地介绍了半导体量子点单光子源和纠缠双光子源的结构、工作原理和特性参数测试技术。

参 考 文 献

[1] Xu Q, Schmidt B, Pradhan S, et al. Micrometre-scale silicon electro-optic modulator. Nature, 2005, 435: 325－327.

[2] Duan G, Jany C, Le Liepvre A, et al. Hybrid Ⅲ‐Ⅴ on silicon lasers for photonic integrated circuits on silicon. IEEE Journal of Selected Topics in Quantum Electronics, 2014, 20 (4): 6100213.

[3] Li G, Krishnamoorthy A, Shubin I, et al. Ring resonator modulators in silicon for interchip photonic links. IEEE Journal of Selected Topics in Quantum Electronics, 2013, 19 (6): 3401819.

[4] Gan F, Barwicz T , Popovic M A, et al. Maximizing the thermo-optic tuning range of silicon photonic structures. IEEE Photonics in Switching, 2007: 67 - 68.

[5] Van V, Ibrahim T, Ritter K, et al. All-optical nonlinear switching in GaAs-AlGaAs microring resonators. IEEE Photonics Technology Letters, 2002, 14(1): 74 - 76.

[6] Biberman A, Lira H, Padmaraju K, et al. Broadband silicon photonic electrooptic switch for photonic interconnection networks. IEEE Photonics Technology Letters, 2011, 23 (8): 504 - 506.

[7] Yang J, Fontaine N K, Pan Z, et al. Continuously tunable, wavelength-selective buffering in optical packet switching networks. IEEE Photonics Technology Letters, 2008, 20 (12): 1030 - 1032.

[8] Stamatiadis C, Vyrsokinos K, Stampoulidis L, et al. Silicon-on-insulator nanowire resonators for compact and ultra-high speed all-optical wavelength converters. Journal of Lightwave and Technology, 2011, 29(20): 3054 - 3060.

[9] Petracca M, Lee B, Bergman K, et al. Photonic NoCs: Systemlevel design exploration. IEEE Micro, 2009, 29(4): 74 - 85.

[10] Bianco A, Cuda D, Garrich M, et al. Optical interconnection networks based on microring resonators. IEEE Micro, 2012, 4(7): 546 - 556.

[11] Dong P, Preble S, Lipson M. All-optical compact silicon comb switch. Optics Express, 2007, 15: 9600 - 9605.

[12] Stamatiadis C, Gomez-Agis F, Stampoulidis L, et al. The BOOM project: Towards 160 Gb/s packet switching using SOI photonic integrated circuits and hybrid integrated optical flip-flops. Journal of Lightwave and Technology, 2012, 30(1): 22 - 30.

[13] Bianco A, Cuda D, Garrich M, et al . Crosstalk minimization in microring-based wavelength routing matrices. IEEE Global Telecommunications Conference, 2011: 1 - 5.

[14] Siracusa D, Linzalata V, Maier G, et al. Hybrid architecture for optical interconnection based on micro ring resonators. IEEE Global Telecommunications Conference, Houston, 2011.

[15] Tomkos I, Azodolmolky S, Sole-Pareta J, et al. A tutorial on the flexible optical networking paradigm: State of the art, trends, and research challenges. Proceedings of the IEEE, 2014, 102(9): 1317 - 1337.

[16] Stamatiadis C, Vyrsokinos K, Stampoulidis L, et al. Wavelength-selective 1 × k switches

using free-space optics and MEMS micromirrors: Theory, design, and implementation. Journal of Lightwave and Technology, 2005, 23(4): 1620 – 1630.

[17] Poole S, Frisken S, Roelens M, et al. Bandwidth-flexible ROADMs as network elements. Optical Fiber Communication Conference and Collocated National Fiber Optic Engineers Conference, Los Angeles, 2011.

[18] Rhee J K, Garcia F, Ellis A, et al. Variable passband optical add-drop multiplexer using wavelength selective switch. Proceedings of 27th European Conference on Optical Communcations, Amsterdam, 2001: 550 – 551.

[19] Ford J, Aksyuk V, Bishop D J, et al. Wavelength add-drop switching using tilting micromirrors. Journal of Lightwave and Technology, 1999, 17(5): 904 – 911.

[20] ITU – T G.694.1. Spectral grids for WDM applications: DWDM frequency grid. International Telecommunication Union, 2002.

第 2 章 硅基集成激光器

基于硅基集成电子技术,人们试图直接在硅材料上制作激光器和其他光子器件,但硅是间接带隙材料,直接用硅制作的激光器效率低,无法与Ⅲ-Ⅴ族、Ⅱ-Ⅵ族材料制作的激光器相比。一般情况下,先利用Ⅲ-Ⅴ族或Ⅱ-Ⅵ族材料制作激光器,再通过机械或物理方法与硅衬底材料相结合实现混合集成。

本章简要介绍硅基混合集成激光器的结构和集成工艺,列举几种新型混合集成激光器,并介绍最近报道的硅表面直接生长结构的激光器。在最后介绍了硅基拉曼激光器,并介绍了这些激光器的物理方程模型,为其模拟和设计提供依据。

2.1 硅基混合集成激光器制作工艺

硅光子集成是将光子元器件与微电子器件集成在一块芯片或一块电路板上的技术。集成后结构紧凑,不仅可用于短距离的数据通信系统,如光互连、数据中心、光计算机,还可用于长距离的光纤通信网络,已引起人们的广泛关注,并成为当今光电子行业研究热点。但直接用硅材料制作光源的电光转换效率低,而Ⅲ-Ⅴ族材料制作的激光器性能好、效率高,为充分利用Ⅲ-Ⅴ族材料激光器的优势,结合成熟的集成电路制作工艺,人们考虑通过黏合技术将Ⅲ-Ⅴ材料激光器与硅材料集成在一起。黏合可以是键合,也可以是金属层间的黏合。

早期的混合集成是用Ⅲ-Ⅴ族材料做好激光器,然后黏结在硅衬底上。这种方法要求激光器与无源器件在集成过程中精确对准以便实现激光器与无源器件高效耦合输出,增加了制造工艺的复杂性和成本。通过不断改进,人们考虑将激光器的工作介质与激光器的谐振腔镜分开,腔镜与工作介质之间通过波导的消逝场进行耦合。这种工艺利用有源材料(主要是Ⅲ-Ⅴ族半导体材料,如GaAs、InP)的高效发光性质,产生高增益,借助消逝场将激光耦合至低传输损耗的硅波导,进入构成激光谐振腔的分布式反馈布拉格镜(distributed Bragg mirrors,DBR),振荡经消逝场重新返回有源层,实现光放大,部分光再耦合到硅基波导输出。

　　集成器件与硅材料结构混合集成过程如图 2.1 所示,器件层和绝缘体上硅(silicon-o-insulator, SOI)层分别制作,器件层含有源器件和无源器件,有源器件如Ⅲ-Ⅴ族半导体激光器、二极管、探测器,无源器件如布拉格反射镜、耦合器、波分复用器等。SOI 层上方沉积硅层并通过刻蚀制作波导,并在其表面沉积二氧化硅层,随后对表面用化学-机械方法进行平整化。在 SOI 上制作光波导和平整化前,有源层也被制作完成,下一步是将有源层翻转,面朝下与加工有光波导的SOI 层进行键合黏结,有源层原有的衬底朝上。接下来是去掉有源层的衬底,对表面金属化制作电极结构。图 2.2 为硅基混合集成有源器件结构示意图,Ⅲ-Ⅴ族半导体有源层波导在硅波导的上方。

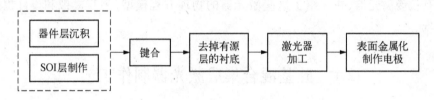

图 2.1　硅基混合集成工艺流程图

　　列举几个半导体激光器混合集成结构实例,文献[1]与文献[2]中Ⅲ-Ⅴ族激光器有源层为波导结构,激光器波导与 SOI 上的光波导之间有一很薄的黏合层(厚度小于 5 nm),有源层中实现光放大,但光波主要在下方的硅波导中传播。文献[3]则相反,黏合层的厚度较大,典型值在 30~150 nm,激光器谐振腔中光波主要在Ⅲ-Ⅴ族半导体有源层中的波导中传播,从有源层中产生的相干光通过锥形波导耦合进入下方的硅波导中。这种情况下,光波在有源层经历高增益,在硅波导中进行低损耗传输[4]。

2.2　硅基混合集成波导间耦合结构

　　如上所述,Ⅲ-Ⅴ族材料与硅混合集成激光器,光在有源层的光波导和硅波导内往返传播被放大,光输出具有强相干性和良好的方向性。为确保激光输出具有良好的模式,波导耦合结构形状和尺寸应满足一定的要求。图 2.2 显示有源层的波导和硅波导在光耦合段(即两端)被加工成锥形,中心部分为平面波导结构。在锥形平面波导结构的下方是锥形硅波导,锥尖方向与其上方有源层波导的锥尖相反,两者之间是一层 SiO$_2$ 薄膜。这种结构可以实现上下层波导间基模的有效耦合,但是下方硅波导变宽后的结构尺寸应满足单模传输要求。如果硅波导层较薄,上下波导耦合区域都应做成锥形。如果硅波导层较厚(大于 500 nm),在波导耦合区域通常下层硅波导做成锥形。上下层波导间的耦合效率与锥的尺寸相关,文献[1]报道,当下方硅波导的厚度为 400 nm、锥长大于 100 μm、锥尖宽度小于 0.8 μm 时,耦合效率达 80% 以上,锥尖宽度越小,耦合效率越高。但是锥尖宽度大于 0.8 μm 时,耦合效率急剧下降,在 1 μm 时效率仅为 50%。

一般情况下,这种混合集成激光器的谐振腔由加工在硅波导上具有高反射率和一定透过率的分布反馈布拉格反射镜(DBR)对构成,有的则通过端面抛光、镀膜构成实现激光谐振腔。

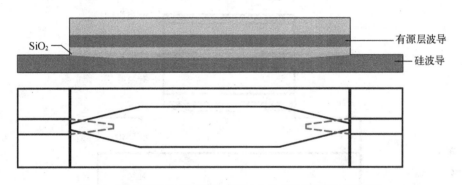

SiO$_2$
有源层波导
硅波导

图 2.2　混合集成波导间耦合结构(上为主视图、下为俯视图)

2.3　典型的硅基混合集成激光器

2.3.1　DFB 单模激光器

利用混合集成工艺,可以做成各种各样的硅基半导体激光器,如文献[4]中报道中心波长为 1 546.97 nm、线宽为 7 GHz 的 DFB 单模激光器,其结构与图 2.2 相同,激光谐振腔增益区的长度为 400 μm,硅波导上加工两个 DBR。左端 DBR 为高反射,长 300 μm,反射率达 97%;右端 DBR 的反射率为 46%,宽度为 10 μm,刻蚀深度 10 nm,光栅周期为 237 nm,占空比为 50%。两个 DBR 间的距离为 600 μm,输出激光功率达 15 mW。

2.3.2　垂直腔表面发射激光器

上述激光器一般从侧面发出激光,发射光斑形状不规则,为椭圆形或长条形。垂直腔表面发射激光器的出光方向则从表面发射,如图 2.3 所示。激光器由位于中部的有源层和位于有源层上方与下方的两个 DBR 构成,这两个反射镜构成法布里-珀罗(Fabry - Perot)谐振腔,反射镜的反射率和透过率取决于 DBR 光栅周期数和材料折射率。依据需要,光可从上方或下方输出,靠近出光的一侧 DBR 反射率较低,另一侧为高反射率。图 2.3 中有源层上设有光约束层,控制激光器发射光斑形状和激光横模,通常发射光斑形状为圆形。有源层可以是多量子阱,也可以是多层结构的量子点。

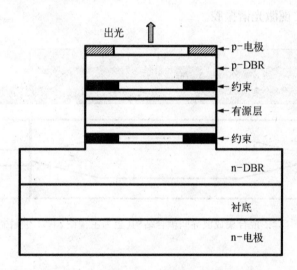

图 2.3　垂直腔表面发射激光器剖面结构示意图

2.3.3　微环激光器

图 2.4 是一典型电泵浦结构微环激光器结构示意图。底层为衬底,衬底材料通常为绝缘体上硅;衬底上面为隔离层、多量子阱层、隔离层、p 型电极层,n 型电极构造在环内,p 和 n 型电极用于电注入;多量子阱层为可实现光放大有源介质,如Ⅲ-Ⅴ族介质。微环激光器谐振腔可为圆形或赛道形;微环激光器谐振腔外有光波导,提供光输出,也有输出波导位于微环正下方。微环激光器可以是电泵浦结构,也可以是光泵浦结构。光泵浦结构通常通过波导将外部光耦合进微

环谐振腔,产生的激光重新耦合返回波导输出,也可在谐振腔外构造另一波导提供激光输出。文献[5]报道以硅为衬底的微环谐振腔,实现激光波长为 1.55 μm 激光输出。

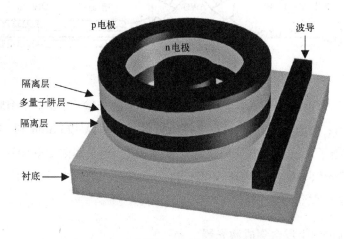

图 2.4　电泵浦结构微环激光器结构示意图

文献[6]报道了利用两个微环谐振腔,并在微环谐振腔周围设置加热结构,实现激光波长调谐输出,获得大波长调谐范围,其调谐范围在 45 nm 左右,模式抑制比高于 40 dB。

2.3.4 阵列波导光栅激光器

常规半导体激光器主要通过构成谐振腔的分布反馈布拉格光栅进行选模和线宽控制。硅基混合集成激光器将谐振腔镜制作在硅波导结构中,可以简化 Ⅲ-Ⅴ族有源层波导结构,还方便波长选择和线宽控制。将阵列波导光栅和半导体光放大器集成并与另外的分布反馈布拉格光栅结合,可制作更复杂结构的阵列波导光栅硅基混合集成激光器。

图 2.5 为典型的阵列波导光栅激光器的结构示意图。激光器由谐振腔、有源放大和阵列波导光栅组成,谐振腔由布拉格反射镜对构成,阵列波导光栅对激光波长进行选择。图 2.5 右侧有一系列布拉格光栅分别对各自增益区激光波长有较高反射率,各增益区主要对自己的波长信号进行放大,激光在左侧合并后从一个具有一定反射率的布拉格反射镜输出,此布拉格反射镜对不同波长光具有不同的反射率和透过率,所有激光器共用此镜作为每个激光器的输出腔镜。阵

列波导光栅激光器可用于多波长激光光源。

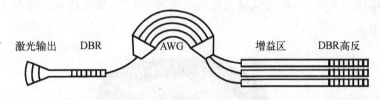

激光输出　DBR　　　　AWG　　　　增益区　　DBR高反

图 2.5　阵列波导光栅激光器结构示意图

文献[7]报道了阵列波导光栅激光器有 4 个波长输出,对应 4 个频率,频率间隔 360 GHz,阈值电流介于 113~147 mA,输出功率从 -23 dBm 到 -14.5 dBm。文献[8]报道了 4 波长输出阵列波导光栅激光器,频率间隔 200 GHz,阈值电流降至 38~42 mA,输出功率从 -8.4 dBm 到 -2.2 dBm。文献[9]报道了 5 个波长输出的阵列波导光栅激光器,频率间隔 392 GHz。

2.3.5　硅基掺稀土混合集成激光器

以稀土为发光材料的激光器在非集成光子器件中具备高增益、高电光转换效率。受此启发,人们将稀土用于集成光子系统的有源器件,经过实验,取得了良好的效果。

文献[10]利用 CMOS 兼容技术在硅衬底芯片上制作出高功率掺铒分布反馈激光器,工作介质是沉积在氮化硅波导上的掺铒(Er)的 Al_2O_3,激光器谐振腔由在氮化硅波导上的分布反馈布拉格反射镜组成,分布反馈布拉格反射镜是通过光刻工艺制作的。在制造过程中,采用倒立脊形波导结构,即波导在 Al_2O_3:Er 层下方,先通过等离子体增强(plasma enhanced chemical vapor deposition, PECVD)技术沉积一层氮化硅(Si_3N_4)薄膜,通过光刻技术定义脊形波导和分布反馈布拉格反射镜。波导层完成后,沉积 Al_2O_3:Er 层,对 Al_2O_3:Er 层不进行任何加工。这种加工方法避免了将掺稀土层的制作直接引入标准的 CMOS 过程,可以大规模制作,并同氮化硅集成在硅光子芯片上。该激光器输出的激光波长为 1 563 nm,泵浦的波长为 1 480 nm。在激光器的设计方面,充分考虑了波导模式与增益介质区域之间以及泵浦光和激光之间的重叠,波导模的约束因子为 83%,泵浦光和激光之间的重叠达 90%。Si_3N_4 波导的宽度为 4 μm,厚 0.1 μm,它下方的 SiO_2 层厚度为 6 μm,上方 SiO_2 层厚度为 0.1 μm。Si_3N_4 波导层和下方的 SiO_2 层的表面在加工过程中都进行化学机械抛光,以减少表面的粗糙度和光传输损耗。Si_3N_4 波导折射率在 1 550 nm 光波长时为 2,波导两侧通过光刻制作分布反馈布拉格光栅,光栅周期为 489 nm,两端光栅的长度在 15~23 mm。Si_3N_4 波导上沉积的 Al_2O_3:Er 层的掺 Er 浓度为 $0.9×10^{20}$ cm^{-3}。激光器泵浦是通过芯径 6 μm 光纤直接耦合到芯片上的,在泵浦吸收功率接近 1.1 W 的情况下,获得 75 mW 的激光输出,调节泵浦光功率,获得斜率效率为 7%,激光泵浦光功率阈值为 31 mW。

2.3.6 硅表面直接生长的激光器

Ⅲ-Ⅴ族材料(如 GaAs 和 InP)制成的光源在光通信有源器件中占主要地位,当它们直接在硅衬底上生长时,出现晶格错位失配缺陷。表面特殊处理、应变超晶格、低温缓冲层工艺等大量方法可用来减少晶格间的错位,这种缺陷使激光器依然不能在室温下稳定运行。随着研究工作深入,人们采用 SiGe 和 GaSb 缓冲层外延生长技术,在硅衬底上生长 GaAs 晶体并制作激光器。结果显示这种激光器可在常温下运行,但目前在实际应用中此激光器的运行可靠性差。幸运的是外延生长复合半导体(如 GaNAsP)可与硅晶格匹配,Ge - on - Si 或 SiGe - on - Si 生长也可实现晶格匹配。这些材料制作的光子元件(如 p - i - n、雪崩光探测器和调制器)已展示出良好的性能,性能优于相应的Ⅲ-Ⅴ半导体器件。

最早报道的室温下运行的硅表面直接生长的激光器是波导型 Ge - on - Si 激光器[11],其中锗是通过外延选择生长的,激光器采用光泵浦方式。随着研究工作的深入,人们成功研制出 Si/Ge/Si 异质结二极管激光器,该激光器采用电泵浦方式。直接在硅表面生长激光器目前有不少报道,包括有硅基量子点激光器。文献[12]报道直接在硅衬底上生长 GaAs 过渡层再以 InP 为包层制作 InAs/InAlGaAs 量子点微环激光器,采用电泵浦方式,常温下运行获得波长 1.5 μm、功率高于 1 mW 的激光输出。

2.3.7 集成激光器物理方程

考虑光泵浦硅基混合集成激光器,它们的谐振腔由两个布拉格(Bragg)光栅反射镜组成,如图 2.6 所示,Bragg 光栅反射镜的材料是硅,位于有源层的下方,左侧 Bragg 光栅反射镜的长度为 l_1,右侧 Bragg 光栅反射镜的长度为 l_2。有源波导层主要是Ⅲ-Ⅴ族材料,光放大和增益发生在有源波导区,长度为 l_g。光学谐振腔的长度 $L_{tot} = l_1/2 + l_2/2 + l_g$。光在增益区传输到光栅反射镜区域时耦合进入 Bragg 光栅反射镜,反射率取决于反射光栅的长度和周期数,周期数越多,反射率越高。左侧的反射镜周期数较右侧的少,光传输到此镜时有一定的透过率,提供激光输出。

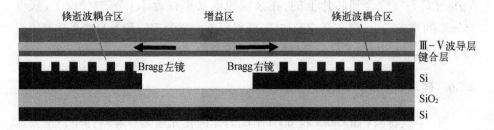

图 2.6　光泵浦硅基混合集成激光器结构示意图

激光运行控制方程如下[13]:

$$\frac{\mathrm{d}N(t)}{\mathrm{d}t} = \frac{P(t)}{h\gamma_\mathrm{p}V_\mathrm{a}} - AN(t) - BN^2(t) - CN^3(t) - v_\mathrm{g}G(N)S(t) \qquad (2.1)$$

式中,$N(t)$ 为有源区载流子密度,它随时间变化;$P(t)$ 为吸收的泵浦光功率;h 为普朗克常数;γ_p 为泵浦光频率;A 是 Shockley – Read – Hall 复合系数;B 是自发复合系数;C 是 Auger 复合系数;V_a 是有源区域体积;v_g 是Ⅲ-Ⅴ材料波导基模群速度;$G(N)$ 是材料增益,取决于载流子浓度;$S(t)$ 是谐振腔光子密度。

$$G(N) = G_0(N - N_0) \qquad (2.2)$$

式中,G_0 是微分增益;N_0 是透明载流子密度;模式增益 $g = \varGamma G(N)$,$\varGamma$ 是Ⅲ-Ⅴ波导本征模基模的约束因子。设 $\dfrac{\mathrm{d}N(t)}{\mathrm{d}t} = 0$ 和 $S(t) = 0$,可以求出阈值泵浦功率 P_th。在泵浦功率为 P 的情况下,可求得Ⅲ-Ⅴ材料波导内的光子密度为

$$S = \frac{P - P_\mathrm{th}}{h\gamma_\mathrm{p}v_\mathrm{g}G_\mathrm{th}V_\mathrm{a}} \qquad (2.3)$$

激光输出功率为

$$P_\mathrm{out} = \eta\frac{\gamma}{\gamma_\mathrm{p}}\frac{P - P_\mathrm{th}}{2L_\mathrm{tot}g_\mathrm{th}} \qquad (2.4)$$

其中,η 为Ⅲ-Ⅴ波导下部硅波导耦合输出系数;γ 为激光频率;$g_\mathrm{th} = \varGamma G_\mathrm{th}$。

如果激光器是直接将电能转化为激光输出,则控制方程右边第一项改为电流注入,方程形式发生变化。

2.4 硅基拉曼激光器

2.4.1 硅基拉曼激光器结构

当一束光照射特定物质时,具有振动态的原子或分子吸收光子,被激发到一个不稳定的高能态,处于激发态。一般情况下,处于激发态的原子或分子发射具有与入射光相同频率的光子回到原始的振动态,这是瑞利散射(Rayleigh scattering)。瑞利散射类似于弹性散射,但是可能观察到很弱的其他散射。在这些散射中,散射光的频率低于或高于入射光的频率,散射光的频率低于入射光的频率是斯托克斯散射(Stokes scattering),散射光的频率高于入射光的频率是反斯托克斯散射(anti-Stokes scattering),这种散射光子数约是全部散射光子数的1千万分之一。如果散射介质同时被泵浦光和信号光照射,泵浦光激发介质成分中的分子或原子到较高振动能级,信号光频率与斯托克斯跃迁共振,会触发产生另外的拉曼斯托克斯光子。因而通过激发斯托克斯跃迁,可以获得光放大,这就是受激拉曼散射。利用这种现象,在某些玻璃光纤中可实现光放大。单晶硅的拉曼增益系数比玻璃光纤的增益系数高五个量级,但在硅材料中光传输损耗比在这些玻璃光纤的损耗高几个量级,如果能减少硅中光传输损耗,是可以在硅材料中实现较强的光放大的。文献报道[14]在硅波导两侧构建 p-i-n 二极管结构,并反向偏置电压,大大减少硅波导中光传输的非线性损耗,利用拉曼效应,实现了较高增益的放大,并产生连续光输出。

拉曼激光器具有很强的单色性,因为只有满足拉曼散射条件的光子被放大,产生激光线宽很窄,其侧模抑制比高(可达 70 dB 以上),不同于其他类型激光器,在这些激光器中,满足谐振腔中共振放大条件的纵模均可实现光放大,如果不采取选模措施,其输出线宽比拉曼激光器的线宽大得多。

2.4.2 硅基拉曼激光器有害因素

硅基拉曼激光器中光放大过程中有多种不利影响因素,如自由载流子吸收和双光子吸收,在设计和制造过程中可采取适当的措施予以消除或减轻有害因素的影响。硅材料的折射率高,波导具有强的光约束能力,可以利用超小的波导区域降低受激拉曼散射的泵浦阈值,避免将电子能量提升到导带,以便抑制自由载流子吸收。也可利用特定材料和结构实现低泵浦阈值的办法减少自由载流子吸收对激光器的影响。文献[15]报道激光器采用掺锆(Zr)和钛(Ti)回音壁模谐振腔(whispering gallery mode resonant cavity)结构,利用反斯托克斯-拉曼散射光放大,获得低阈值激光输出,其阈值只有 0.6 mW 左右,比普通同种结构硅激光器阈值 1.08 mW 降低近一半,激光效率提高 15 倍。

双光子吸收是高功率泵浦中发生的,双光子吸收是一种非线性现象,在这种现象中两个光子的能量结合将一个电子的能级从价带提升到导带,而自由载流子吸收进一步消耗腔内光子能量,给激光放大和产生带来不利影响。文献[16]采用短脉冲泵浦方式,使得双光子吸收产生的自由载流子在下一个脉冲来之前复合,减少双光子吸收造成的危害。此外,减小光波导的体积表面比,增加载流子的表面复合率,可以减少双光子吸收造成的危害。文献[14]利用这种方法,并在波导上的 p-i-n 结上施加反向偏置电压,增加载流子的表面复合率,减少双光子吸收,降低非线性光传输损耗,成功实现硅基拉曼激光器连续运行。

2.4.3   拉曼激光运行控制方程

图 2.7 为硅基拉曼激光器原理示意图,其核心是长度为 L 的绝缘体上硅波导,波导两端镀膜,泵浦光以波长为 λ_p 入射耦合进入波导产生拉曼散射,波导左右端面对泵浦光的反射率分别为 $R_{p,1}$、$R_{p,r}$,波导左右端面对拉曼散射的反射率为 $R_{s,1}$、$R_{s,r}$。波导内产生的拉曼光功率为 P_s,波导内的泵浦光功率为 P_p。

图 2.7   硅基拉曼激光器原理示意图

拉曼激光运行可用下列控制方程[17]进行描述:

$$\pm \frac{dP_p^{\pm}}{dz} = \left\{ -\alpha - \frac{g}{A_{\text{eff}}} \frac{\lambda_s}{\lambda_p} (P_s^+ + P_s^-) - \frac{C_{\text{TPA}}}{A_{\text{eff}}} [P_p^{\pm} + 2(P_p^{\mp} + P_s^+ + P_s^-)] \right.$$
$$\left. -\varphi \lambda_p^2 N_{\text{eff}} \right\} P_p^{\pm} \tag{2.5}$$

$$\pm\frac{\mathrm{d}P_{\mathrm{s}}^{\pm}}{\mathrm{d}z} = \left\{ -\alpha + \frac{g}{A_{\mathrm{eff}}}(P_{\mathrm{p}}^{+} + P_{\mathrm{p}}^{-}) - \frac{C_{\mathrm{TPA}}}{A_{\mathrm{eff}}}[P_{\mathrm{s}}^{\pm} + 2(P_{\mathrm{s}}^{\mp} + P_{\mathrm{p}}^{+} + P_{\mathrm{p}}^{-})] \right.$$

$$\left. - \varphi\lambda_{\mathrm{s}}^{2}N_{\mathrm{eff}} \right\}P_{\mathrm{s}}^{\pm} \tag{2.6}$$

式中，P_{p}^{+}、P_{p}^{-} 表示向前和向后传输泵浦波的功率，P_{s}^{+}、P_{s}^{-} 表示向前和向后传输 Stokes 波的功率；Z 是坐标；α 是波导传输损耗；g 为拉曼增益系数，$g = g_{\mathrm{R}}/(1 + \Delta\gamma_{\mathrm{p}}/\Delta\gamma_{\mathrm{R}})$，$g_{\mathrm{R}}$ 是峰值拉曼增益系数，$\Delta\gamma_{\mathrm{p}}$ 是泵浦光谱的线宽，$\Delta\gamma_{\mathrm{R}}$ 为拉曼增益光谱的线宽；C_{TPA} 为双光子吸收系数；φ 为自由载流子吸收系数；A_{eff} 为模有效面积，且

$$A_{\mathrm{eff}} = \frac{\left[\iint I(x, y)\,\mathrm{d}x\mathrm{d}y\right]^{2}}{\iint I^{2}(x, y)\,\mathrm{d}x\mathrm{d}y} \tag{2.7}$$

式中，$I(x, y)$ 为波导内光模式的横截面内强度分布。硅波导中拉曼放大可能被双光子吸收恶化，双光子吸收一方面倒空泵浦光功率，另一方面双光子吸收产生自由电子和空穴，增加波导的导电能力，造成额外的光损耗。N_{eff} 为有效载流子密度：

$$N_{\mathrm{eff}} = \frac{C_{\mathrm{TPA}}\tau_{\mathrm{eff}}}{2h\gamma_{\mathrm{p}}A_{\mathrm{eff}}^{2}}\left\{ P_{\mathrm{p}}^{+2} + P_{\mathrm{p}}^{-2} + P_{\mathrm{s}}^{+2} + P_{\mathrm{s}}^{-2} + 4[P_{\mathrm{p}}^{+}P_{\mathrm{p}}^{-} \right.$$

$$\left. + P_{\mathrm{s}}^{+}P_{\mathrm{s}}^{-} + (P_{\mathrm{p}}^{+} + P_{\mathrm{p}}^{-})(P_{\mathrm{s}}^{+} + P_{\mathrm{s}}^{-})] \right\} \tag{2.8}$$

式中，h 为普朗特常数；τ_{eff} 为载流子有效寿命。边界条件为

$$P_{\mathrm{p}}^{+}(0) = P_{0} + R_{\mathrm{P},1}P_{\mathrm{p}}^{-}(0), \ P_{\mathrm{p}}^{-}(L) = R_{\mathrm{P},\mathrm{r}}P_{\mathrm{p}}^{+}(L),$$

$$P_{\mathrm{s}}^{+}(0) = R_{\mathrm{s},1}P_{\mathrm{s}}^{-}(0), \ P_{\mathrm{s}}^{-}(L) = R_{\mathrm{s},\mathrm{r}}P_{\mathrm{s}}^{+}(L) \tag{2.9}$$

式中，$R_{\mathrm{P},1}$ 和 $R_{\mathrm{P},\mathrm{r}}$ 为波导左端和右端对泵浦光的反射率；$R_{\mathrm{s},1}$ 和 $R_{\mathrm{s},\mathrm{r}}$ 是波导左端和右端对 Stokes 光的反射率；P_{0} 为耦合进入波导的泵浦光功率。激光器的输出光功率为

$$P_{\mathrm{out}} = P_{\mathrm{s}}^{+}(L)(1 - R_{\mathrm{s},\mathrm{r}}) \tag{2.10}$$

实际工作中，上述方程可以简化。

2.5　小　　结

　　本章简要地介绍了硅基混合集成激光器制作工艺、硅基混合集成波导间耦合结构,列举了几种典型的硅基混合集成激光器,介绍了硅基混合集成激光器物理方程。硅材料中可产生较强的拉曼效应,利用拉曼效应可取得较高激光功率,本章列举了新近报道的硅基拉曼激光器的原理、结构和激光运行控制方程。

　　将激光器和调制器集成在硅材料构造光发射机在通信系统中具有重要应用,也最具挑战性的,目前光发射机主要是将Ⅲ-Ⅴ族材料器件与硅材料进行混合集成。文献[18]报道了这种光子集成电路(photonic integrated circuit,PIC)结构,在此 PIC 中,发送机由硅基Ⅲ-Ⅴ族材料激光器与硅材料马赫-增德尔干涉调制器(Mach-Zehnder modulator)构成。波分复用系统通常要求使用波长调谐光源,或可发送多种波长的可调谐光发送机,为硅光子集成提供了巨大市场。文献[19]在 2012 年首次报道了运行波长在 $1.5~\mu m$ 窗口的可调谐硅与Ⅲ-Ⅴ族材料混合集成的激光器,并与马赫-增德尔干涉调制器集成,实现 10 GB/s 的信号输出,波长调谐范围超过 9 nm;硅调制器具有高消光比,在 6~10 dB,3 dB 调制带宽达 13 GHz,误码率大大改善。硅基集成激光器具有广阔的发展前景。

参 考 文 献

[1] Park H, Sysak M N, Chen H, et al. Device and integration technology for silicon photonic transmitters. IEEE Journal of Selected Topics in Quantum Electronics, 2011, 17(3): 671-688.

[2] Fang A W, Park H, Kuo Y H, et al. Hybrid silicon evanescent devices. Materials Today, 2007, 10(7-8): 28-35.

[3] Roelkens G, van Campenhout J, Lagahe-Blanchard C. Ⅲ-Ⅴ/Si photonics by die-to-wafer bonding. Materials Today, 2007, 10(7-8): 36-43.

[4] Bakir B B, Descos A, Olivier N, et al. Electrically driven hybrid Si/Ⅲ-Ⅴ lasers based on adiabatic mode transformers. Optics Express, 2011, 19(11): 10317-10325.

[5] Liang D, Fiorentino M, Srinivasan S, et al. Optimization of hybrid silicon microring lasers. Photonics Journal, 2011, 3(3): 580-587.

[6] Liepvre A L, Jany C, Accard A, et al. Widely wavelength tunable hybrid Ⅲ-Ⅴ/silicon laser with 45 nm tuning range fabricated using a wafer bonding technique. Proceedins of 9th IEEE International Conference on Group IV Photonics, San Diego, 2012: 54 - 56.

[7] Kurczveil G, Heck M J, Peters J D, et al. An integrated hybrid silicon multiwavelength AWG laser. IEEE Journal of Selected Topics in Quantum Electronics, 2011, 17 (6): 1521 - 1527.

[8] Keyvaninia S, Verstuyft S, Pathak S, et al. Ⅲ-Ⅴ-on-silicon multi-frequency lasers. Optics Express, 2013, 21(11): 13675 - 13683.

[9] Liepvre A L, Accard A, Poingt F, et al. A wavelength selectable hybrid Ⅲ-Ⅴ/Si laser fabricated by wafer bonding. IEEE Photonics Technology Letters, 2013, 25 (16): 1582 - 1585.

[10] Hosseini H S, Purnawirman, Bradley J D, et al. CMOS-compatible 75 mw erbium-doped distributed feedback laser. Optics Letters, 2014, 39: 3106 - 3109.

[11] Liu J, Sun X, Camacho-Aguilera R, et al. Ge-on Si laser operating at room temperature. Optics Letters, 2010, 35: 679 - 681.

[12] Zhu S, Shi B, Lau K M. Electrically pumped 1.5 μm InP-based quantum dot microring lasers directly grown on (001) Si. Optics Letters, 2019, 44(18): 4566 - 4569.

[13] De Koninck Y, Roelkens G, Baets R. Design of a hybrid Ⅲ-Ⅴ-on-Silicon microlaser with resonant cavity mirrors. IEEE Photonics Journal, 2013, 5(2): 2700413.

[14] Rong H, Jones R, Liu A, et al, A continuous-wave Raman silicon laser. Nature, 2005, 433: 725 - 728.

[15] Choi H, Chen D, Du F, et al. Low threshold anti-Stokes Raman laser on-chip. Photonics Research, 2019, 7(8): 926 - 932.

[16] Boyraz O, Jalali B. Demonstration of a silicon Raman laser. Optics Express, 2004, 12: 5269 - 5273.

[17] Krause M, Renner H, Brinkmeyer E. Analysis of Raman lasing characteristics in silicon-on-insulator waveguides. Optics Express, 2004, 12(23): 5703 - 5710.

[18] Alduino A, Liao L, Jones R, et al. Variable passband optical add-drop multiplexer using wavelength selective switch. Integrated Photonics Research, Silicon Nanophotonics, Monterey, 2010.

[19] Duan G H, Jany C, Liepvre A L, et al. 10 Gb/s integrated tunable hybrid Ⅲ-Ⅴ/Si laser and silicon Mach-Zehndermodulator. 38th European Conference on Optical Communication (ECOC), Amsterdam, 2012.

第3章　集成超短脉冲激光器

光网络和信号系统发展迅猛,特别是光波分复用和时分复用技术快速发展要求通信系统的光源产生具有可靠的低抖动、高重频率的亚皮秒和飞秒超短脉冲,以满足网络传输流量高速增长的需要。超短激光脉冲不仅在通信系统中起重要作用,而且在微波光子、精密测量、传感、生物医学等领域具有广泛应用,集成超短激光脉冲技术发展不仅使超短激光脉冲光源空间缩小、能量消耗和制造成本下降,而且使超短激光源性能稳定、可靠,应用更加灵活和广泛。超短脉冲的产生主要依赖锁模技术,本章将介绍集成锁模激光器和脉冲压缩器及相关原理与技术。

3.1　硅基锁模激光器

目前可集成的锁模激光器主要集成在两种衬底材料上,一种是Ⅲ-Ⅴ材料,如InP衬底;另一种就是绝缘体上硅。锁模激光器与绝缘体上硅集成实际上是混合集成。文献[1]报道了集成在InP衬底上锁模激光器,输出平均功率为250 mW,脉冲宽度为10 ps,波长为1.55 μm。激光器的膜层主要是利用金属有机化学气相沉积法(MOCVD)生长的,激光器的结构则通过光刻工艺加工而成。先在n型InP(100)的衬底上沉积0.2 μm厚的n型InP缓冲层,随后沉积掺杂浓度为1×10^{18} cm^{-3}至2×10^{18} cm^{-3}的厚度为1 μm的具有渐变折射率的n型InP包层,接下来是4.9 μm厚的轻度掺杂的InGaAsP波导层,其掺杂浓度为6×10^{16} cm^{-3}。在其上方沉积多量子阱层,多量子阱层由晶格失配度为1%和0.3%、厚度为8 nm的InGaAsP组成,共5层。随后是0.025 μm厚的p型AlInAs载流子层(掺杂浓度1×10^{18} cm^{-3}),再沉积1 μm厚的具有渐变折射率的p型InP包层,包层掺杂浓度为$(1 \sim 8) \times 10^{17}$ cm^{-3},随后沉积0.6 μm厚的p型InP过渡层(掺杂浓度1×10^{18} cm^{-3}),在其上方沉积0.2 μm厚的重掺杂p型InGaAs接触层。激光器发射峰值波长为1.53 μm,激光器腔长1 cm,饱和吸收器长500 μm,增益区和饱和吸收器间隔10 μm,脊形波导宽5.8 μm。饱和吸收器的外端面镀反射膜,反射率为95%。激光器另一端为布拉格反射镜,其反射率为5%。增益区设置正向偏置电压,饱和吸收器侧设置反向偏置电压,饱和吸收器反向偏置用于激光器锁模。当饱和吸收器设置1.8 V反向偏置电压时,增益区电流为3 A,取得250 mW激光输出功率,脉冲宽度为10 ps,脉冲重复率达4.29 GHz,单脉冲能量为58 pJ。

文献[2]报道了一种硅基混合集成锁模激光器,激光器由较长的增益区和较短的饱和吸收区构成,两者之间由电绝缘材料分开,位于硅波导上方,它们与硅波导在低温下通过键合技术黏结在一起,两者与硅波导之间的光耦合是通过倏逝波实现的。大多数光模在波导里进行传输,硅波导约束因子为67%,饱和吸收区注入射频信号,实现锁模,此激光器获得的重复频率为40 GHz,脉冲宽度为4 ps。

集成锁模激光器一般分成增益区、饱和吸收区两个区域[3]。从结构分布来看,可划分成分段式和环形结构两种类型。图3.1为典型的分段结构集成锁模激光器,激光器中光放大增益区、可饱和吸收区、构成谐振腔的腔镜分段开式布置,激光在谐振腔内往返传播。

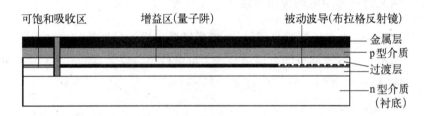

图3.1 锁模激光器剖面结构示意图

图3.2为环形结构集成锁模超短脉冲激光器示意图,激光在这种结构中沿顺时针和逆时针方向传播,这种激光器的超短脉冲是采用脉冲碰撞锁模技术产生的。脉冲碰撞锁模的原理:沿顺时针和逆时针方向传播的两个脉冲在不同时刻经过增益介质被放大,在可饱和吸收器中相遇,由于两个脉冲的相干作用,在可饱和吸收器中形成瞬态粒子数分布光栅,由于光栅的建立比普通单个脉冲通过可饱和吸收器达到饱和状态要快,允许脉冲中间部分有较多的能量通过,而可饱和吸收器自身的弛豫时间较脉冲本身持续时间长得多,脉冲后沿通过可饱和吸收器时光栅仍有较大的调制,脉冲后沿经历了额外的压缩。环形结构中的激光经光耦合器向两端输出,一端的光脉冲再经光放大后作为激光器的主输出脉冲,另一端作为监控或其他目的。

锁模激光器体积小,可通过光泵浦方式实现超短激光脉冲能量输出,也可直

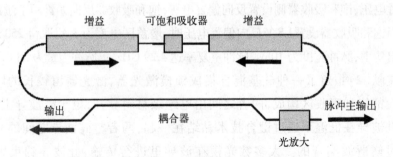

图 3.2　环形结构集成锁模超短脉冲激光器示意图

接通过电泵浦方式实现超短激光脉冲输出,大大降低制造成本和减小激光器的
复杂性。

3.2　集成锁模激光器物理方程模型

3.2.1　激光器波导中电场传输方程

　　基于图 3.1 集成锁模激光器结构,集成锁模半导体激光器的光放大器、可饱
和吸收器和被动波导部分的电场传输行为可近似用一维麦克斯韦方程进行模拟
分析,其传输电场可表示为[4]

$$E(x, y, z, t) = \frac{1}{2}\Big[F(x, y)A(z, t)\mathrm{e}^{\mathrm{j}[\beta(\omega)z - \omega_0 t]} + cc \Big] \tag{3.1}$$

式中,$A(z, t)$ 为复数形式脉冲波包,z 为坐标,t 为时间;w 光载波角频率;w_0 为中
心光载波角频率;cc 为残余项;β 为传输常数;$F(x, y)$ 为归一化的波导横截面上
电场轮廓分布函数。其坐标系参加图 3.3,其中的可饱和吸收区、光放大区、布拉
格反射区分别与图 3.1 中的可饱和吸收区、增益区、布拉格反射镜空间对应。

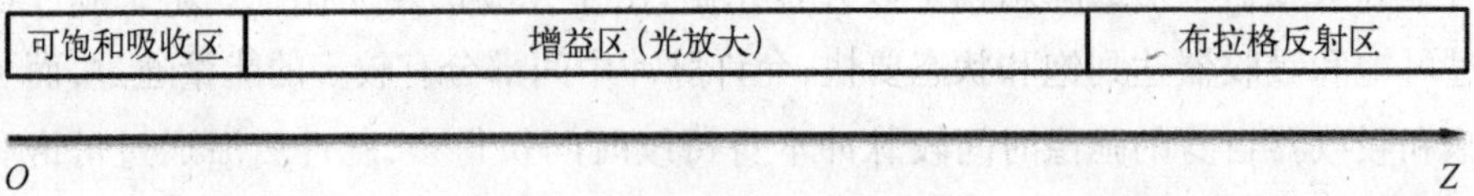

可饱和吸收区	增益区(光放大)	布拉格反射区

O ——————————————————————————→ Z

图 3.3　电场传输参考坐标系

　　考虑双光子吸收效应,假设双光子吸收系数为 $(\gamma + ja_{\mathrm{tpa}})$,$a_{\mathrm{tpa}}$ 为双光子吸
收损耗系数,γ 为双光子吸收线宽增加因子,激光器波导中麦克斯韦方程变换为

时域非线性传输方程[4]:

$$\frac{\partial}{\partial z}A(z,\ t) = -\left\{\frac{j}{2}\beta_2\frac{\partial^2}{\partial t^2} - \frac{\Gamma}{2\sigma}\left[\gamma + j\left(\alpha_{\text{tpa}} + \frac{\omega_0}{c}n_2\right)\right]A(z,\ t)^2\right\}$$

$$+ \left[\frac{1}{2}\left[\Gamma g_{\text{m}}(t,\ \omega)(1 + j\alpha) - \alpha_{\text{int}}\right] - j\frac{1}{2}\frac{\partial g_{\text{m}}(t,\ \omega)}{\partial\omega}\bigg|_{\omega_0}\frac{\partial}{\partial t}\right.$$

$$\left.- \frac{1}{4}\frac{\partial^2 g_{\text{m}}(t,\ \omega)}{\partial\omega^2}\bigg|_{\omega_0}\frac{\partial^2}{\partial t^2}\right]A(z,\ t) \tag{3.2}$$

其中,$g_{\text{m}}(t,\ w)$ 为增益;n_2 为非线性克尔系数;β_2 为群速度色散,且 $\beta_2 = \dfrac{\text{d}^2\beta}{\text{d}\omega^2}$;$\alpha_{\text{int}}$ 为腔内部损耗;Γ 为波导光约束因子;σ 为增益区横截面积。

3.2.2 光放大速率方程

图 3.1 集成锁模激光器的光放大过程中载流子是通过电流注入方式产生的,其中受激辐射、非辐射和自发辐射复合消耗载流子,速率方程为

$$\frac{\partial N}{\partial t} = \frac{\mu I}{e V_{\text{act}}} - R_{\text{spon}} - R_{\text{stim}} \tag{3.3}$$

式中,N 为载流子密度;t 为时间;I 为注入电流;e 为单位电荷;V_{act} 为放大增益区体积。右侧第一项为载流子注入速率,μ 为电流注入效率,第二项为自发辐射复合消耗载流子速率 R_{spon},第三项为受激辐射复合消耗载流子速率 R_{stim}。自发辐射复合消耗载流子速率 R_{spon} 依赖于载流子密度,可用平均寿命 τ_{s} 近似计算:

$$R_{\text{spon}}(N) = A_{\text{nr}}N + B_{\text{spon}}N^2 + C_{\text{Auger}}N^3 \approx \frac{N}{\tau_{\text{s}}} \tag{3.4}$$

式中,A_{nr} 为非辐射复合系数;B_{spon} 为自发辐射复合系数;C_{Auger} 为俄歇复合系数。受激辐射复合消耗载流子速率 R_{stim} 依赖于光放大区域光子密度 S,它影响光增益 g_{m}:

$$g_{\text{m}}(N,\ \lambda) = \frac{R_{\text{stim}}(N)}{v_{\text{g}}S} \tag{3.5}$$

式中,v_{g} 为群速度,将式(3.4)和(3.5)代入式(3.3),速率方程变为

$$\frac{\partial N}{\partial t} = \frac{\mu I}{e V_{\text{act}}} - \frac{N}{\tau_{\text{s}}} - g_{\text{m}}(N, \lambda) \frac{\Gamma P}{\hbar \omega_0 \sigma} \tag{3.6}$$

$$g_{\text{m}} = g_0 - \Delta g_{\text{N}} - \Delta g_{\text{T}} - \Delta g_{\text{SHB}} \tag{3.7}$$

式中，g_0 为无光放大时偏置依赖增益，或泵浦时非饱和增益；Δg_{N} 为光放大脉冲引起的载流子密度变化所致非线性饱和增益变化；Δg_{SHB}、Δg_{T} 为光谱烧孔效应和载流子加热所致相关的超快非线性饱和增益变化；σ 为有源介质横截面积；$\hbar$ 为普朗特常数除以 2π。

$$g_{\text{N}} \approx a_{\text{N}}(N - N'_{\text{tr}}) \tag{3.8}$$

式中，a_{N} 为微分增益系数；N'_{tr} 为透明载流子密度。P 为波导中激光平均功率，其计算式为

$$P = \frac{\varepsilon}{2 v_{\text{g}}} |A|^2 \tag{3.9}$$

式中，ε 为介电常数。

假设载流子速率方程中的增益为线性函数，注入电流密度均匀，则有

$$\frac{\partial \Delta g_{\text{N}}}{\partial t} = -\frac{\Delta g_{\text{N}}}{\tau_{\text{s}}} - g_{\text{m}} \frac{P}{E_{\text{sat, N}}} \tag{3.10}$$

$$E_{\text{sat, N}} = \frac{\hbar \omega_0 \sigma}{a_{\text{N}} \Gamma} \tag{3.11}$$

式中，$E_{\text{sat, N}}$ 为能带间慢过程饱和能量。载流子热运动动态方程为

$$\frac{\partial \Delta g_{\text{T}}}{\partial t} = -\frac{\Delta g_{\text{T}}}{\tau_{\text{T}}} - g_{\text{m}} \frac{P}{E_{\text{sat, T}}} \tag{3.12}$$

式中，$E_{\text{sat, T}}$ 为载流子加热效应饱和能量；τ_{T} 为载流子加热效应恢复时间常数。对于相关光谱烧孔效应的饱和增益，通常脉冲持续时间比光谱烧孔恢复时间 τ_{SHB} 长，可用上述类似方法计算。设定光谱烧孔效应饱和能量为 $E_{\text{sat, SHB}}$，Δg_{SHB} 可由以下式进行计算：

$$\frac{\partial \Delta g_{\text{SHB}}}{\partial t} = -\frac{\Delta g_{\text{SHB}}}{\tau_{\text{SHB}}} - g_{\text{m}} \frac{P}{E_{\text{sat, SHB}}} \tag{3.13}$$

3.2.3　可饱和吸收器动态方程

在可饱和吸收器中,吸收光子产生载流子,产生的载流子密度 N 不超过透明载流子密度 N_{tr},总的光吸收可用下式表示:

$$\alpha_m = \alpha_0 + \Delta\alpha_{FK} + \Delta\alpha_N + \Delta\alpha_{SHB} + \Delta\alpha_{RC} \tag{3.14}$$

式中,α_0 为波长依赖非饱和材料吸收系数;$\Delta\alpha_{FK}$ 为强场下与偏置电压相关的光吸收系数[5];$\Delta\alpha_N$ 可由下式进行模拟:

$$\frac{\partial\alpha_N}{\partial t} = -\frac{\alpha_0 - \alpha_N}{\tau_{abs}} - \alpha_m \frac{P}{E_{sat,N}} \tag{3.15}$$

$$\alpha_N \approx \alpha_N(N - N'_{tr}) \tag{3.16}$$

式中,α_N 为微分吸收系数;N'_{tr} 为透明载流子密度;α_0 为非饱和吸收;$E_{sat,N}$ 为吸收变化到 α_0 的 $1/e$ 时的脉冲能量;τ_{abs} 为吸收器恢复时间。

对光谱烧孔效应,与放大过程类似,吸收动力学过程模拟如下:

$$\frac{\partial\alpha_{SHB}}{\partial t} = -\frac{\alpha_{SHB}}{\tau_{SHB}} - \alpha_m \frac{P}{E_{sat,SHB}} \tag{3.17}$$

式中,τ_{SHB} 为光谱烧孔效应恢复时间;α_{SHB} 为光谱烧孔效应饱和吸收;$\Delta\alpha_{RC}$ 是因光生载流子引起部分电场被屏蔽所致吸收,其动态过程如下:

$$\frac{\partial\alpha_{RC}}{\partial t} = -\frac{\alpha_{RC}}{\tau_{RC}} - \alpha_m \frac{P}{E_{sat,RC}} \tag{3.18}$$

式中,τ_{RC} 为外部电路特征时间常数;$E_{sat,RC}$ 为电场屏蔽饱和能量。

针对这种反射型集成锁模脉冲激光器,文献[4]设计和制作了一种载流子单向移动吸收器。此吸收器有薄 p^+ 型掺杂光吸收区域,当光子在吸收区被吸收时产生载流子(即空穴和电子)。在光吸收区的空穴为多数载流子,电子为少数载流子,电子通过漂移运动快速单向移动,吸收器的后向扩散隔离层阻止电子反向移动。吸收器的恢复速度主要取决于电子快速漂移的清除过程,利用此载流子单向移动吸收器,集成锁模脉冲激光器产生 900 fs 的锁模脉冲输出。

3.3　锁模激光器脉冲压缩

锁模激光器产生的脉冲需要进一步压缩,获得更短脉冲,其中色散补偿是关键。文献[6]利用一对高分辨阵列波导光栅[7]构造外腔脉冲压缩器,利用 20 个通道延迟线调制相位,增加负色散,对整个激光器的色散进行补偿,理论预测可获得 300 fs 激光脉冲。

文献[8]则把光放大器放在阵列波导光栅之间,构成内腔结构。脉冲进入光放大器前光谱被展宽,自相调制最小化,进入饱和吸收器后脉冲被压缩,获得 185 fs 脉冲。

文献[9]报道了在单块硅基芯片上制作超短脉冲压缩器。此脉冲压缩器由两个长为 500 μm 正弦状波导色散光栅构成。宽度为 7 ps、能量为 70 pJ 的激光脉冲首先经长度为 6 mm、宽度为 500 nm、高为 200 nm 的纳米线波导将光谱展宽后传入此压缩器,获得 1ps 脉冲输出,脉冲压缩因子为 7。此项研究成果表明硅基光子集成电路中较低脉冲能量下可以取得较高的脉冲压缩比。

图 3.4 是典型的集成超短光脉冲压缩器原理示意图,压缩器由一对波导光栅构成,进入光栅前脉冲被前置波导有效调控,进入光栅后光脉冲在两光栅中反向传输,通过合理设计光栅结构和尺寸,正负色散相互抵消,脉冲输出实现压缩。这种脉冲压缩器可用强非线性介质(如氮化硅、富硅氮化硅、超富硅氮化硅材料)制作波导光栅对,光栅可用正弦结构以获得大反常色散,平衡来自光放大器和可饱和吸收器以及其他元件的光谱展宽段的色散。脉冲传输和压缩过程可用非线性薛定谔方程进行模拟分析。

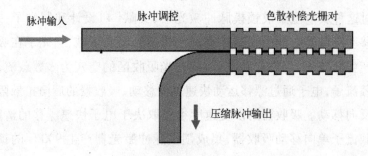

图 3.4　脉冲压缩器原理示意图

随着研究工作深入,新型集成超短脉冲压缩器不断涌现,例如文献[10]报道利用长为 5 cm 反向锥形脊形结构硅波导在低峰值功率情况下将波长为 2490 nm、1 ps 脉冲压缩到 57 fs。文献[11]报道利用长为 7 mm 的超富硅氮化硅波导(450 nm 宽、330 nm 高),在脉冲能量为 16~22 pJ 时,通过孤子脉冲自压缩效应,将波长为 1550 nm、2 ps 脉冲压缩到 230 fs。

3.4 小　　结

本章介绍了几种集成锁模脉冲激光器的结构和运行原理,目前集成光子系统中的锁模激光器主要集成在两种衬底材料上,一种是Ⅲ-Ⅴ材料(如 InP 衬底),另一种就是绝缘体上硅。集成锁模脉冲激光器由谐振腔、光放大器和可饱和吸收器组成,按它们的布局位置不同可将集成锁模脉冲激光器分为分段结构、环形结构两种激光器。针对集成锁模激光器的数值模拟和设计有不少文献报道,一般是基于非集成锁模激光器理论进行的,大多数是基于麦克斯韦方程建立物理模型,考察激光器中电磁场的进化对超短脉冲进行数值模拟和对激光器进行设计。也有使用不同方法进行的,文献[6]对闭环结构被动锁模激光器进行分析,直接用激光器中超短光脉冲功率和相位演变替代激光器中电磁场波包变化进行数值模拟,分别考虑光放大区、饱和吸收区的脉冲形状变化。

锁模激光器产生的脉冲进一步压缩,可获得更短脉冲,脉冲压缩的关键技术是色散补偿。本章简单介绍了可集成的基于阵列波导光栅脉冲压缩器和正弦状波导色散光栅压缩器,其机制是压缩器中产生的反常色散抵消整个激光器中除压缩器外累积的正常色散。

集成锁模脉冲激光器涉及多种非线性因素,运行机制相对复杂,有许多科学问题亟待解决。

参 考 文 献

[1] Plant J J, Gopinath J T, Chann B, et al. 250 mW, 1.5 μm monolithic passively mode-locked slab-coupled optical waveguide laser. Optics Letters, 2006, 31(2): 223 - 225.

[2] Koch B R, Fang A W, Cohen O, et al. Mode-locked silicon evanescent lasers. Optics Express, 2007, 15(18): 11225 - 11233.

[3] Davenport M L, Liu S, Bowers J E. Integrated heterogeneous silicon/Ⅲ-Ⅴ mode-locked

lasers. Photonics Research, 2018, 6(5): 468 - 478.

[4] Scollo R, Lohe H J, Robin F, et al. Mode-locked InP-based laser diode with a monolithic integrated UTC absorber for subpicosecond pulse generation. IEEE Journal of Quantum Electronics, 2009, 45(4): 322 - 335.

[5] VanEck T E, Walpita L M, Chang W C, et al. Franz-Keldish electrorefraction and electroabsorption in bulk InP and GaAs. Applied Physics Leters, 1985, 48: 451.

[6] Heck M J, Bente E A, Barbarin Y, et al. Simulation and design of integrated femtosecond passively mode-locked semiconductor ring lasers including integrated passive pulse, shaping components. IEEE Journal of Selected Topics in Quantum Electronics, 2006, 12 (2): 265 - 276.

[7] Tsuda H, Okamoto K, Ishii T, et al. Second- and third-order dispersion compensator using a high-resolution arrayed-waveguide grating. IEEE Photonics Technology Letters, 1999, 11 (5): 569 - 571.

[8] Resan B, Archundia L, Delfyett P J. FROG measured high-power 185-fs pulses generated by down-chirping of the dispersion-managed breathing-mode semiconductor mode-locked laser. IEEE Photonics Technology Letters, 2005, 17(7): 1384 - 1386.

[9] Tan D H, Sun P C, Fainman Y. Monolithic nonlinear pulse compressor on a silicon chip. Nature Communications, 2010, 1(116): 1113.

[10] Yuan J, Chen J, Li F, et al. Mid-infrared self-similar compression of picosecond pulse in an inversely tapered silicon ridge waveguide. Optics Express, 2017, 25(26): 33439 - 33450.

[11] Choi J W, Sohn B U, Chen G F R, et al. Soliton-effect optical pulse compression in CMOS-compatible ultra-silicon-rich nitride waveguides. APL Photonics, 2019, 4: 110804.

第4章　硅基集成光放大器

光放大器在集成光子系统中起着重要作用,本章主要介绍硅基混合集成光放大器、硅拉曼放大器的基本原理和物理方程,简要地介绍布里渊光放大器。

4.1　硅基混合集成光放大器

主要有两种形式的光放大器:一种是透过式放大,增益区入射面和出射面均镀上增透膜,光入射仅一次,通过增益区放大,又称行波放大;另一种为法布里-珀罗型,增益区两端面有一定反射率,形成法布里-珀罗谐振腔,入射光在谐振腔里来回反射放大并输出。

4.1.1　法布里-珀罗型光放大器物理方程

对法布里-珀罗型,其光放大过程中放大器内载流子 N 和光子密度 S 方程可用下式描述[1]:

$$\frac{\mathrm{d}N}{\mathrm{d}t} = \eta_i \frac{I}{eV} - \frac{N}{\tau_s} - v_g g(N) S \tag{4.1}$$

$$\frac{\mathrm{d}S}{\mathrm{d}t} = \left(\Gamma g(N) - \alpha - \frac{1}{L} \ln \frac{1}{\sqrt{R_1 R_2}} \right) v_g S + \beta \frac{\Gamma N}{\tau_s} \tag{4.2}$$

式中,I 为注入电流;η_i 为内效率;e 为单位电荷;V 为放大增益区体积;τ_s 为载流子寿命;v_g 为群速度;$g(N)$ 为增益函数;Γ 为约束因子;α 为内部损耗;R_1 为输入镜功率反射系数,即反射率;R_2 为输出镜反射率;β 为自发辐射因子(即自发辐射中耦合进入光放大的光子占自发辐射总光子数的比例)。一般假设增益是载流子密度线性关系[1,2],$g(N) = aN - b$,式中,a 为线性系数,b 为常数项。

引入临界载流子密度 N_c,此时增益与损耗和输出平衡,即 $\frac{1}{L} \ln \frac{1}{\sqrt{R_1 R_2}} = \Gamma g_c - \alpha$,$g_c = aN_c - b$,求得

$$N_c = \frac{1}{\Gamma a}\left(\alpha + \frac{1}{L}\ln\frac{1}{\sqrt{R_1 R_2}} + b\Gamma \right) \tag{4.3}$$

依据方程(4.1)和(4.2),当净光子数等于 0,即无光信号输出,对应的电流为阈值电流:

$$I_{th} = \frac{1}{\eta_i}\frac{N_c}{\tau_s}eV \tag{4.4}$$

信号放大系数 G 为光放大器输出功率 P_o 与输入功率 P_i 之比:

$$G = \frac{P_o}{P_i} \tag{4.5}$$

$$G = \frac{(1 - R_1)(1 - R_2)G_s}{(1 - \sqrt{R_1 R_2}G_s)^2} \tag{4.6}$$

$$G_s = \exp\left[(\Gamma g(N) - \alpha)L \right] \tag{4.7}$$

式中,G_s 为信号单次通过放大器时的放大系数。

对以上方程作进一步分析,分三种情况:① 输入信号功率低,注入电流小于阈值电流;② 输入信号功率高;③ 输入信号功率很高。

当输入信号功率低,自发辐射因子小的时候,注入电流小于阈值电流,得非饱和信号放大系数 G_u 如下:

$$G_u = \frac{(1 - R_1)(1 - R_2)}{\left(\alpha L + \ln\dfrac{1}{\sqrt{R_1 R_2}} + b\Gamma L \right)^2 \sqrt{R_1 R_2}}\left(1 - \frac{I}{I_{th}} \right)^{-2} \tag{4.8}$$

当输入信号功率高,输出信号将达到饱和,放大系数将减小,可定义放大系数减小到非饱和放大系数的一半时作为饱和放大系数,对上述方程作分析,得饱和输出功率:

$$P_{o,s} = \frac{\sqrt{2} - 1}{\sqrt{G_u}}\frac{\hbar\omega}{\tau_s}\frac{V}{\Gamma a L} \cdot \frac{\ln\left(\dfrac{1}{\sqrt{R_1 R_2}}\right)\left(1 + \sqrt{\dfrac{R_2}{R_1}}\dfrac{1 - R_1}{1 - R_2} \right)^{-1}}{\alpha L + \ln\dfrac{1}{\sqrt{R_1 R_2}}} \cdot \frac{\sqrt{(1 - R_1)(1 - R_2)}}{\sqrt[4]{R_1 R_2}}$$

$$= \frac{\sqrt{2} - 1}{\sqrt{G_u}}P^* \tag{4.9}$$

式中, P^* 为式(4.9)中右式除去 $\dfrac{\sqrt{2}-1}{\sqrt{G_u}}$ 后各项的乘积。

对于较高功率输出, 饱和增益系数为

$$G_{sat} = \left(\frac{P^*}{P_i}\right)^{2/3} \tag{4.10}$$

输入信号功率很高时, $g(N)$ 很小, 光放大器取得最小的放大系数, 此时放大系数为

$$G_{min} = \frac{(1-R_1)(1-R_2)\exp(-\alpha L)}{[1-\sqrt{R_1 R_2}\exp(-\alpha L)]^2} \tag{4.11}$$

文献[2]从光放大器中电磁场强度变化推导出光放大器中的放大系数为

$$G = \frac{(1-R_1)(1-R_2)e^{g(E)L}}{(1-\sqrt{R_1 R_2}e^{g(E)L})^2 + 4\sqrt{R_1 R_2}e^{g(E)L}\sin^2\left[\left(\dfrac{2\pi NL}{hc}\right)(E-E_r)\right]} \tag{4.12}$$

$$g(E) = \Gamma a\left(\frac{j\tau_{sp}}{ed} - n_0\right) - \alpha \tag{4.13}$$

式中, j 为注入电流; e 为单位电荷电量; τ_{sp} 为自发辐射寿命; d 为光放大器工作介质厚度。

4.1.2 行波放大物理方程

文献[2]对光放大器中电场强度变化建立一维方程模型, 给出电场强度沿着长度 z 方向变化:

$$\frac{dI^{\pm}(z, E)}{dz} = \pm g(z, E)I^{\pm}(z, E) \pm \frac{\beta(E)R_{sp}(z)E}{2} \tag{4.14}$$

$$g(z, E) = \Gamma[g_m(z, E) - \alpha_a(z, E)] - (1-\Gamma)\alpha_c(z, E) \tag{4.15}$$

其中, $I(z, E)$ 表示电场强度(每单位面积上功率); "+"和"−"表示电场沿 z 轴的正和负方向; $\beta(E)$ 为自发辐射因子(即自发辐射中耦合进入光放大的光子比例); $R_{sp}(z)$ 表示位置 z 处单位体积内载流子自发辐射率; E 为单光子能量, 即 $E = h\gamma = h\dfrac{c}{\lambda}$, γ 为频率, λ 为光波长; Γ 为约束因子; $g_m(z, E)$ 为有源区材料增

益函数。设定光放大器长度 L、宽度 w、厚度 d。忽略放大器芯层和包层的传输损耗 α_a 和 α_c 以及自发辐射,即 $\alpha_a \approx 0$,$\alpha_c \approx 0$,$\beta(E) \approx 0$。假设 $g_m = a(n - n_0)$,载流子寿命 τ_{sp} 可用式(4.16)计算。其中,R_{sp} 为单位体积自发辐射;n 为载流子密度;n_0 为透明载流子密度。

$$R_{sp} = \frac{n}{\tau_{sp}} \tag{4.16}$$

推导出光放大器的增益与输入功率关系为

$$P_{in} = \frac{EwdL}{(G-1)} \left[\frac{j}{ed} - \frac{n_0}{\tau_{sp}} - \frac{\ln(G)}{a\Gamma L \tau_{sp}} \right] \tag{4.17}$$

4.1.3　硅基集成光放大器实例

文献[3]报道一个长为 1.45 mm 的 6 个 InGaAsP 量子阱组成的硅基混合集成光放大器,增益达 27 dB,即信号放大 500 倍,信号输出功率达 17.5 dBm。其顶部由重掺杂 p 型 InGaAs 层和 p 型 InP 层构成,作为 p 型电极;在量子阱的下方为 n 型 InP 层,作为 n 型电极;上方光放大结构与下方的硅波导通过厚度为 40 nm 二乙烯硅氧烷双苯环丁烯层(divinylsiloxane-bis-benzocyclobutene,DVS－BCB)键合在一起,硅波导是直接加工在绝缘体上硅上的。光放大结构外部是 DVS－BCB 保护层。

硅光子集成的波导光参量放大器可在很宽的波长带宽范围内取得较高的增益,文献[4]报道超富硅氮化硅(Si_7N_3)波导光参量放大,其增益达 42.5 dB,超富硅氮化硅具有很高的克尔非线性系数,比氮化硅高一个数量级。

4.2　硅拉曼放大器

硅拉曼放大器主要是利用光泵浦(或光抽运)的方式在硅波导结构中产生受激拉曼散射,当信号光在硅波导中传输时,由于较高的增益得到放大,硅拉曼放大器与硅拉曼激光器的区别在于硅拉曼放大器无谐振腔。提升泵浦光功率可以强化拉曼散射,但由于双光子和自由载流子吸收,在硅材料中损耗也很大。可通过改变泵浦方式,如脉冲泵浦或通过施加反向偏置电压,倒空载流子,减少自由载流子的吸收[5]和损耗,获得大的增益。在硅拉曼放大器中获得大增益的另一途径是优化波导结构,文献[6]采用硅纳米晶体代替单晶硅,获得的增益比原来的增益高出 4 个量级。图 4.1 为典型硅拉曼放大器原理图。

图 4.1 硅拉曼放大器原理图

依据光放大信号的输出方式,可将硅拉曼放大器分为连续和脉冲输出两种类型。连续硅拉曼放大器运行过程中光放大信号和泵浦光强度随空间位置变化,可用以下方程描述[7]:

$$\frac{\mathrm{d}I_p}{\mathrm{d}z} = -\alpha_p I_p - \beta_p I_p^2 - \zeta_{ps} I_p I_s - \sigma_p \tau_c (\rho_p I_p^2 + \rho_s I_s^2 + \rho_{ps} I_p I_s) I_p \quad (4.18)$$

$$\frac{\mathrm{d}I_s}{\mathrm{d}z} = -\alpha_s I_s - \beta_s I_s^2 - \zeta_{sp} I_s I_p - \sigma_s \tau_c (\rho_p I_p^2 + \rho_s I_s^2 + \rho_{ps} I_p I_s) I_s \quad (4.19)$$

式中, I_p、I_s 分别为泵浦光和 Stokes 信号强度; α_p、α_s 是对应泵浦光和放大信号波长在波导中传输线性损耗; β_p、β_s 是与双光子吸收相关系数; τ_c 为有效载流子寿命。第三项与双光子吸收和受激拉曼系数相关,定义如下:

$$\zeta_{ps} = 2\beta_{ps} + \frac{4g_R \gamma_R^2 \Omega_R \Omega_{ps}}{(\Omega_R^2 - \Omega_{ps}^2)^2 + 4\gamma_R^2 \Omega_{ps}^2} \quad (4.20)$$

$$\zeta_{sp} = \frac{\omega_s}{\omega_p} \left[2\beta_{ps} - \frac{4g_R \gamma_R^2 \Omega_R \Omega_{ps}}{(\Omega_R^2 - \Omega_{ps}^2)^2 + 4\gamma_R^2 \Omega_{ps}^2} \right] \quad (4.21)$$

式中, β_{ps} 是双光子吸收相关系数; g_R 是拉曼增益系数; Ω_R 是拉曼频移; γ_R 拉曼增益带宽; $\Omega_{ps} = \omega_p - \omega_s$ 是泵浦光与放大信号频率差。上述微分方程最后一项与双光子吸收诱导自由载流子吸收相关, $\sigma_p = \sigma_0 \left(\dfrac{\lambda_p}{\lambda_0}\right)^2$, $\sigma_s = \sigma_0 \left(\dfrac{\lambda_s}{\lambda_0}\right)^2$, σ_0 为参考波长对应的系数[7], λ_p、λ_s 为泵浦光与放大信号波长。

$$\rho_p = \frac{\beta_p}{2\hbar\omega_p}, \ \rho_s = \frac{\beta_s}{2\hbar\omega_s} \quad (4.22)$$

$$\rho_{ps} = \frac{2\beta_{ps}}{\hbar\omega_p} \quad (4.23)$$

式中，$\hbar$ 为普朗特常数除以 2π。

文献[7]对上述方程近似处理后可用分析法求解：

$$\kappa \approx \tau_c \sigma_s \rho_s \tag{4.24}$$

$$\gamma \approx -\zeta_{sp} \tag{4.25}$$

$$I(z) = \frac{I_0 \exp(-\alpha z)}{\sqrt{1 + I_0^2 \left(\dfrac{\kappa}{\alpha}\right)\left[1 - \exp(-2\alpha z)\right]}} \tag{4.26}$$

$$I_s(z) = \frac{I(z)}{1 + \left(\dfrac{I_{p0}}{I_{s0}}\right)\exp\left[-\gamma L_0 L_{eff}(z)\right]} \tag{4.27}$$

$$I_p(z) = I(z) - I_s(z) \tag{4.28}$$

$$L_{eff}(z) = \frac{f(0) - f(z)}{\sqrt{\alpha \kappa}\, I_0} \tag{4.29}$$

$$f(z) = \tan^{-1}\left[\sqrt{\frac{\kappa}{\alpha}}\, I(z)\right] \tag{4.30}$$

脉冲硅拉曼放大器的光放大信号和泵浦光强度的控制方程可参照文献[8]，在该文献中，作者利用其控制方程，采用波长为 1545 nm、脉冲宽度为 17 ns 的脉冲激光器泵浦，输出信号波长为 1680 nm，对硅波导中的受激拉曼散射进行模拟，模拟结果与实验测试结果吻合得很好。

4.3　硅布里渊光放大器

受激布里渊散射是光学系统最强的非线性现象之一，利用这种现象，可在非常窄的带宽下（几十兆赫兹）实现高增益放大，满足光通信系统对高度相干光源的需求。

文献[9]报道了全硅布里渊光放大器，该放大器由一脊形波导构成，波导上方脊宽 1 μm、厚 80 nm，下方宽 3 μm、厚 130 nm、长 2.9 cm，波导上、下方均为空气，泵浦波长 1550 nm，在 60 mW 功率泵浦下获得 5.2 dB 的放大系数。

文献[10]报道了一个总长 4.6 cm 的赛道形微环谐振腔结构的布里渊光放

大器,微环谐振腔中有两段脊形硅波导用于信号放大,波导为悬浮结构,光信号在其中是多模传输。在整个放大器中,泵浦光和信号光应满足能量守恒和相位匹配两个条件,即

$$\omega_p = \omega_s + \omega_b \tag{4.31}$$

$$k_2(\omega_p) = k_1(\omega_s) + q(\omega_b) \tag{4.32}$$

在波长为 1550 nm、泵浦功率为 20 mW 的情况下,获得高于 20 dB 的净增益。

文献[11]报道了利用硅基 As_2S_3 波导,As_2S_3 具有良好的布里渊散射,波导做成螺旋结构,总长 5.8 cm,获得 22.5 dB 的增益,净增益 18.5 dB。此种放大器的研究和应用很有潜力。

4.4 小　　结

硅材料具有强的非线性,本章简要地介绍了硅基集成光放大器的法布里-珀罗型光放大器的物理方程,给出了低功率信号和强功率信号输入在放大器可取得较高的放大系数。硅拉曼放大器是硅基集成光子系统中比较有前景的光放大器件,可取得高增益。受激布里渊散射是光学系统最强非线性现象之一,利用这种现象,可在非常窄的带宽下获得高增益。硅基集成光放大器具有广阔发展空间,可以通过改进放大器的结构和放大方式,也可通过选用不同材料,提升放大器的放大倍数。

参 考 文 献

[1] Buus J, Plastow R. A theoretical and experimental investigation of Fabry-Perot semiconductor laser amplifiers. IEEE Journal of Quantum Electronics, 1985, 21(6): 614 – 618.

[2] Adams M J, Collins J V, Henning I D. Analysis of semiconductor laser optical amplifiers. IEE Proceeding, Part J, 1985, 132: 58 – 63.

[3] Gasse K V, Wang R, Roelkens G. 27dB gain Ⅲ-Ⅴ-on-silicon semiconductor optical amplifier with >17dBm output power. Optics Express, 2019, 27(1): 293 – 302.

[4] Ooi K J, Ng D K, Wang T, et al. Pushing the limits of CMOS optical parametric amplifiers with USRN: Si_7N_3 above the two-photon absorption edge. Nature Communications, 2017, 8: 13878.

[5] Claps R, Dimitropoulos D, Raghunathan V, et al. Observation of stimulated Raman amplification in silicon waveguides. Optics Express, 2003, 11: 1731 – 1739.

[6] Sirleto L, Ferrara M R, Nikitin T, et al. Giant Raman gain in silicon nanocrystals. Nature Communications, 2012, 3: 1 – 6.

[7] Rukhlenko I D, Premaratne M, Dissanayake C, et al. Continuous-wave Raman amplification in silicon waveguides: Beyond the undepleted pump approximation. Optics Letters, 2009, 34 (4): 536 – 538.

[8] Liu A, Rong H, Paniccia M. Net optical gain in a low loss silicon-on-insulator waveguide by stimulated Raman scattering. Optics Express, 2004, 12(18): 4261 – 4268.

[9] Kittlaus E A, Shin H, Rakich P T. Large Brillouin amplification in silicon. Nature Photonics, 2016, 10: 463 – 467.

[10] Otterstrom N T, Kittlaus E A, Gertler S, et al. Resonantly enhanced nonreciprocal silicon Brillouin amplifier. Optica, 2019, 6(9): 1117 – 1123.

[11] Morrison B, Casas-Bedoya A, Ren G, et al. Compact Brillouin devices through hybrid integration on silicon. Optica, 2017, 4(8): 847 – 854.

第 5 章   微环谐振腔光开关器件

光子集成技术可实现大宽带、低迟滞、高效率光信号传输,给绿色信息和通信技术带来巨大冲击。微环谐振腔器件是非常重要的集成光子元件,它们由光波导制成,波导可由不同材料制作,利用微环谐振腔结构可制成多种光功能器件,将它们集成在芯片上可大幅度减小芯片尺寸。

微环谐振腔器件突出特点是微环谐振腔的共振波长对自身波导的折射率变化很敏感,改变微环谐振腔波导的折射率可以调节微环谐振腔的共振光波波长值。满足谐振腔共振条件的光在谐振腔中可以传输,不满足微环谐振腔共振条件的光因大的传输损耗被阻止通过,利用微环谐振腔工作特性可制作具有不同功能的光交换器件。

本章介绍微环谐振腔的基本结构、运行原理、参数特性,介绍微环谐振腔器件的波长调谐技术,如电光、热光和非线性光学调谐技术,列举相应实例分析微环谐振腔器件各种调谐技术的性能差异。将重点介绍硅基微环谐振腔开关器件,并介绍用于集成光网络的由微环谐振腔器件构成的基本单元结构。

5.1   微环谐振腔光开关基本器件

微环谐振腔结构示意如图 5.1 所示,由一个微环波导与两条相互垂直或平行的波导组成。微环波导由芯层和具有不同折射率的包层组成。微环可以是圆形,也可以是赛道形或其他形状的。图 5.1 上图所示的微环谐振腔由相互垂直波导和圆环构成。图 5.1 下图所示的微环谐振腔由两个相互平行的波导和一个微环构成。由相互垂直波导和微环组成的微环谐振腔通常用于构建多端口开关基本模块[1-3]。而互相平行波导构成的微环谐振腔则常用于构建级联或串联微环结构的基本模块单元[4]。

图 5.1 中,光信号从第一条直线波导耦合进入微环谐振腔,并在谐振腔中传输,然后经耦合进入第二条直线波导,从输出口传出,传输的光信号波长满足微环谐振腔的共振条件。如果波长不满足共振条件,这些光信号只能在第一条直线波导中传输,并直接从该波导的出口端输出。如果某信号波长 λ_i 满足共振条

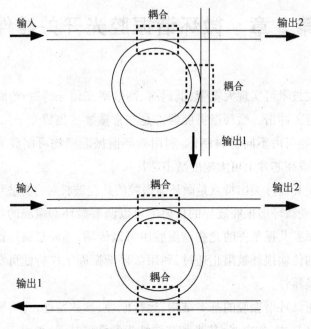

图 5.1　微环谐振腔的两种基本结构

件,则此波长满足如下共振方程:

$$2\pi R n_{\text{eff}} = m\lambda_i \tag{5.1}$$

式中,n_{eff} 为微环波导的有效折射率;R 为微环半径;m 是谐振级次,且为整数。如果微环不是圆,则 $2\pi R$ 为相应形状的周长。

从方程(5.1)可明显看出,环形波导材料的折射率发生变化时,为保持方程左右值相等,波长 λ_i 也跟着改变,即微环波导的有效折射率改变导致谐振腔的共振波长漂移,如下式所示:

$$\Delta\lambda = \lambda_0 \Delta n_{\text{eff}}/n_{\text{eff}}$$

式中,λ_0 是微环的初始共振波长。图 5.2 给出了这种变化的实例和谐振腔输出端信号的光谱分布。

图 5.2 表明,满足微环谐振腔共振条件的波长为 λ_1、λ_3、λ_5 的光信号从第一条波导进入,耦合进入谐振腔在谐振腔中发生共振,再耦合进入另一条波导输出;而其他波长(λ_2、λ_4、λ_6)光因不满足微环谐振腔共振条件,则直接从它的第一条直线波导输出端输出。当环形波导的折射率变化(调谐)时,谐振腔的传

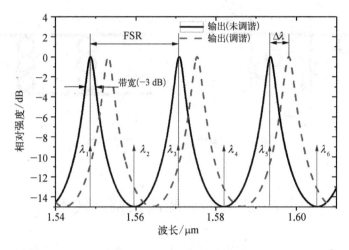

图 5.2 微环谐振腔传函

递函数变化,如图中虚线所示,左移或右移,对应 λ_1、λ_3、λ_5 信号光也被阻止耦合进入谐振腔和第二条波导输出,结果所有光信号直接从第一条直波导的输出端输出。

有关环形波导的调谐技术和现状在 5.2 节中介绍。图 5.2 还给出了微环谐振腔的自由频谱范围(free spectral range,FSR)的示意图,自由频谱范围定义为两个相邻谐振峰之间的波长差,它是相邻两个纵模之间的间隔。从微环谐振腔的共振方程可以推出自由频谱范围的表达式为 $\text{FSR} = \lambda^2/2\pi n_{\text{eff}} R$。其他参数有:微环谐振腔的通带宽度,即 ON/OFF 的信号强度比为 -3 dB 的频带宽度;插入损耗,即光信号从输入端通过微环到达输出口的功率损耗,或从输入端通过直波导到达输出口的功率损耗。

图 5.3 给出了微环谐振腔其他形式的基本结构,由两个或多个微环串联加两直线波导构成一个设备,两直线波导相互垂直或相互平行,与图 5.1 类似。这种情况下,一定通带宽范围内的光信号经微环耦合从设备的出口端输出,图 5.3(a)和图 5.3(b)表示两个三环串联微环谐振腔开关。通过合理选择微环谐振腔微环半径或微环周长以及微环间耦合间隙距离,在这两种结构微环谐振腔开关中可以取得高消光比和宽的陡峭边沿平顶的通道波带。图 5.3 中三个串联微环的每一个微环称为一级,三个微环串联称为三级。图 5.3(a)可以称作是共输入、分别输出的两个三级微环谐振腔开关。图 5.3(b)则是共输入、共输出的两个三级微环谐振腔开关。

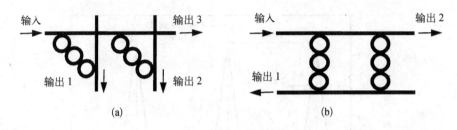

图 5.3　两种多级微环谐振腔开关结构

5.2　微环谐振腔波长调谐技术

如前所述,微环谐振腔的共振波长可通过改变其波导的折射率进行调节或移动,微环谐振腔波长调谐主要是通过调节谐振腔波导的有效折射率实现的。当微环波导的材料是晶体硅时,目前改变微环波导材料折射率的方法主要有三种:第一种是利用电光效应进行调谐,改变微环波导的折射率是通过改变注入载流子的浓度实现的[5];第二种方法是通过热光效应实现的[6,7],这种方法是通过加热微环谐振腔来改变波导材料的折射率,从而实现波长调谐;第三种方法是通过利用单光子激发[8]或双光子吸收[9]诱导光波导折射率变化,从而实现波长调谐。还有化学反应改变微环谐振腔的波导折射率实现波长调谐,化学方法中波导材料的化学成分发生变化,造成波导材料的折射率变化。这种方法广泛用于微环谐振腔传感器,这里不做介绍。

典型微环谐振腔波导材料有硅、氮化硅、氮氧化硅、五氧化二钽、掺杂二氧化硅、砷化镓-铝镓砷、聚甲基丙烯酸甲酯(poly methyl meth acrylate, PMMA)。硅是半导体大规模集成电路中使用最广泛的材料之一,制备工艺成熟。硅基设备成本低,与 CMOS 制备工艺兼容,在标准通信波段,光信号透明。本章将集中介绍硅材料微环谐振腔光开关和光交换器件或设备,这些器件和设备已成功被制作出来并在实验中得到应用。以下将依据调谐方法的不同分别进行介绍。

5.2.1　电光调控微环谐振腔光开关

微环谐振腔光开关通过谐振腔折射率的变化调控光信号的传输和交换。硅的电光系数很低,依靠克尔效应来改变硅波导的折射率效果不明显,但是重掺杂硅的折射率在不同注入电流密度的作用下,改变硅波导中载流子(电子和空穴)浓度,可改变波导折射率。当通过波导的光波长在 1.55 μm 左右时,硅波导材料的折射率变化值可用下式近似计算[10]:

$$\Delta n = -[8.8 \times 10^{-22} \Delta N + 8.5 \times 10^{-18} (\Delta p)^{0.8}]$$

式中,ΔN 是电子浓度变化值,单位为 cm^{-3};Δp 是空穴浓度变化值,单位为 cm^{-3}。对于其他光波长,上述公式中的系数和指数应适当修改。

1. 单环电光调控微环谐振腔光开关

2005 年高速运行的硅基微环谐振腔调制器被首次报道[11],该器件尺寸比早先报道的同类型尺寸小 3 个数量级,而且它的光信号调制速度高达 1.5 Gb/s。此器件由圆形微环波导构成,波导的芯层是硅,包层是 SiO_2。微环内是 p^+ 掺杂区,微环外是 n^+ 掺杂区,构成 p-i-n 结,其结构如图 5.4 所示。这种结构简单,适用于光信号调制,但此器件的工作原理可应用于光开关、光滤波器、波分复用器和其他器件和设备。图 5.5 给出了电子和空穴注入前后的微环谐振腔调制器的光透过谱线,其中电子和空穴注入是通过在该调制器的 p-i-n 结施加偏置

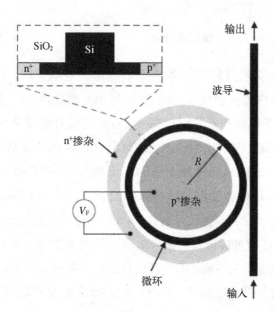

图 5.4 单环电光微环谐振腔开关结构示意图[11]

电压实现的。此透过谱线表明微环谐振腔调制器施加偏置电压使谐振腔的共振
波长移动,图中实线为微环谐振腔调制器的初始透过谱线,虚线为施加偏置电压
后微环谐振腔调制器的透过谱线,其最低透过率对应的为微环谐振腔共振波长。
此透过谱线可见微环谐振腔调制器施加偏置电压后谐振腔的共振波长左移,共
振波波长变短,表明微环谐振腔波导折射率减小。

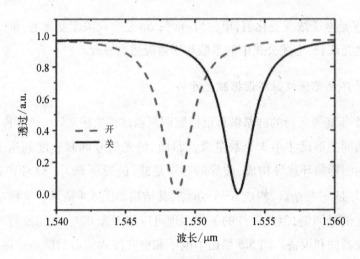

图 5.5　单环电光微环谐振腔开关特性

2. 双微环谐振腔电光调控光开关

文献[12]与文献[13]报道由两个微环谐振腔耦合构成的电光调控光开
关结构。两微环内为 p 型重掺杂区,微环外为 n 型重掺杂区,同时向两微环施
加偏置电压,改变微环波导的折射率可实现对光信号的调节与控制,微环半径
为 5 μm,两微腔偏置占空比为 50%、周期为 100 ns 的方波信号。其实验结果
显示从透过输出口输出的脉冲上升和下降时间(10%~90%的信号强度)为
1.46 ns 和 1.3 ns,从耦合输出口输出脉冲的上升时间和下降时间为 1.71 ns 和
0.81 ns,耦合输出口的开/关信号比达 24 dB,其信号传输速率达 40 Gb/s(波长
1 559.5 nm),直接透过输出口和耦合输出口的功率消耗为 0.6 dB 和 2.4 dB,此
开关的自由频谱范围为 9 nm,耦合输出口的通带宽度为 1.1 nm(−3 dB 处),两
输出口无输出时的消光系数达 14 dB。此实验结果表明微环谐振腔开关适用
于高速光交换。

3. 多微环谐振腔电光调控光开关

为获得宽平顶通带和高消光比,可将多个微环谐振腔串联耦合连接。多个微环谐振腔耦合连接结构称为高阶微环谐振腔设备。这类设备中耦合输出口波长对应的光信号是经过微环传输并从出口端提取的,相邻两环之间光传输是通过两环直接耦合进行的。

图 5.6 为 N 只微环谐振腔耦合构成的电光谐振腔光开关示意图,微环的形状为圆形,也可做成赛道形,依据实际情况还可制成其他形状,其制造可采用 CMOS 兼容工艺,微环谐振腔制作在 SOI 上,微环内外区域通过 p 型、n 型载流子掺杂制造技术构建 pn 结,用于控制微环的共振波长,从而实现开关功能。文献 [14] 报道了由 10 个微环组成的这种结构,每个微环占据的空间为 20 μm× 40 μm,自由频谱范围为 6 nm。此光开关的通道带宽约 80~140 GHz,开关无输出时消光系数达 50 dB,透过输出口和耦合输出口的开/关比分别为 10 dB、45 dB,切换时间约为 1 ns,可支持信号传输率 30 Gb/s,透过输出口损耗在 3.1~4.9 dB,耦合输出口的插入损耗在 4.3~5.9 dB。

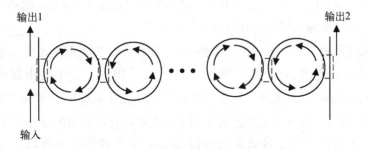

图 5.6 由 N 只微环谐振腔耦合构成的电光谐振腔光开关示意图

5.2.2 微环谐振腔热光调控光开关

微环谐振腔热光调控开关是通过改变谐振腔波导的温度,从而改变开关中的谐振腔波导的折射率,达到改变谐振腔的共振波长,实现不同波长光交换。通常在这种开关的正上方或正下方设有电加热器,用于调控构成谐振腔的波导的温度。硅材料折射率与温度之间近似成线性关系,折射率的改变值可近似表达为 $\Delta n \approx K \Delta T$, ΔT 是微环谐振腔中波导的温度变化值,K 是硅材料的热光系数。当调控的光波长在 1.55 μm 附近时,硅材料的热光系数近似为 1.86×

$10^{-4}℃^{-1[15]}$，即 1℃的温度变化将使硅材料的折射率改变 $1.86×10^{-4}$。

1. 单微环谐振腔热光调控光开关

文献[16]报道了单微环谐振腔热光调控开关，其开关由一个微环谐振腔和一个加热器构成，此加热器位于微环上方，此热光微环谐振腔开关的输出光波长随加热功率变化而变化，加热器的功率越高，微环的温度升高越快，一定时间内温度越高，开关的共振波长移动量就越大。此报道的微环谐振腔开关半径为 7 μm，加热器材料是金属钛，其加热器直径为 20 μm，谐振波长移动量接近 20 nm，实验测得开关上升沿的时长 7 μs，下降沿的时长 14 μs。

微环谐振腔可用于构成多种复杂的光交换结构，文献[7]报道了 8 个微环构成的 4 个进口 4 个出口的 4×4 路由器，每个微环半径为 10 μm，每个微环由一个加热器调控，加热器位于微环上方，利用热光效应，在中心波长为 1550 nm 时每个微环的调谐范围是 10 nm，用这种加热器对应的波长调谐量为 0.25 nm/mW。在此路由器中，每个微环只用于一个信号通道，无论是直通信号通道还是耦合提取信号通道，信号开、关的最大消光比达 20.79 dB，信道的通带宽度为 38.5 GHz，在波长 1550 nm 处，对应线宽 0.31 nm，其自由频谱范围为 8.8 nm，此 4×4 路由器输出端口的平均插入损耗为 0.51 dB。

文献[17]报道利用标准的 COMS 工艺，在 SOI 平台上制造出 5 个进口五个出口的 5×5 路由器，每个微环谐振腔的半径为 10 μm，整个路由器的尺寸为 440 μm× 660 μm，所有微环的通道带宽大于 0.31 μm（对应频带宽 38 GHz），其信号直通出口开、关状态下消光比大于 21 dB，微环耦合信号输出口开、关状态下消光比高于 16 dB，其自由频谱范围接近 10 nm，单个微环的全部插入损耗接近 8 dB，此损耗包括传输损耗、输入/输出波导间耦合损耗，每个微环从"关"状态到"开"状态的波长平均移动范围是 4.8 nm。即使在高信号传输速率下，如 12.5 Gb/ps，仍显示高质量路由功能。

一般情况下微环谐振腔做成圆形，赛道形也比较多见[18-23]，文献[24]报道了赛道形结构的双进双出 2×2 路由器，在此路由器中，圆弧的半径为 5.5 μm，直线段长 4 μm，开关的自由频谱范围是 36 nm，共振波长 1 520 nm，信号宽带接近 12 nm，利用热光效应进行调控，开、关的消光比接近 18 dB，直通信号输出口和微环耦合输出口的插入损耗为 10 dB 和 12 dB。

图 5.7 是赛道形微环谐振腔组成的另外一种拓扑结构，其中两环并列分布。

文献[18]报道了用这种微环拓扑结构在 SOI 平台上形成可重构波分复用设备，其中弯曲部分的曲率半径为 4 μm，直线耦合部分长 2 μm，每个微环利用硅的热光效应单独调控，其自由频谱范围是 19 nm，带宽 0.2 nm，插入损耗为 1 dB，开和关的消光比达 23 dB。当微环加热时，波长可移动 5 nm。当加热器用 20 kHz 方波信号调制时，输出信号的上升沿和下降沿分别达 9 μs 和 6 μs。

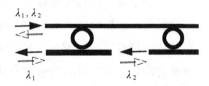

图 5.7 并列布置微环构成的光开关结构示意图

2. 双微环谐振腔热光调控光开关

微环谐振腔热光调控开关可用于较复杂的波分复用集成系统中，文献[19]报道了由双环谐振腔和全光波长转换器构成的四通道开关结构。四组双环谐振腔开关作为波分复用器提取不同波长光信号，被提取的光信号送入波长转换器，波长发生变化。微环谐振腔上方的钛加热器加热后改变微环谐振腔中波导材料的折射率，对四通道入口的波长作精密调控。微环谐振腔的直径为 18 μm。经测试，每个开关的自由频谱范围是 5 nm，开关通带宽度是 0.4 nm，开、关的消光比为 35 dB，总插入损耗（含双环开关和光波长转换器的传输损耗）为 4.5 dB，在 1 550 nm 波长附近，信号总传输容量达 160 Gb/s，每个通道的传输量为 40 Gb/s。

文献[20]报道了一具有 20 个通道双环微腔波分复用器，每一对双环谐振腔开关用于调节各通道的通带宽度和各通道之间的间隔。在这波分复用器中，所有微环谐振腔集成在一块 SOI 基片上，微环半径为 6.735 μm，光信号两个端口 A 和 B 进入波分复用器，20 个端口分别输出，即从 A_i 和 B_i 输出，$i = 1, 2, 3, \cdots, 20$。光传输路径为 $A \rightarrow A_i$，$B \rightarrow B_i$，两个方向的输入、输出响应特性相同。此波分复用器显示良好的性能，可以精确调制 20 个通道中的 11 个通道的信号载波波长，每个通道的间隔为 124 GHz（约为 1 nm），通道之间的串扰约为-45 dB，自由频谱范围为 16 nm，通道从输入端至输出口的插入损耗在 1.5~2.5 dB。

图 5.8 为典型双环微腔波分复用器结构示意图，输入端含两波长信号，依据调制分别从两输出口输出，未调制时，直接从右端口输出。

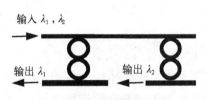

输入 λ_1, λ_2

输出 λ_1 输出 λ_2

图 5.8 双环微腔波分复用器的结构示意图

3. 三环串联谐振腔热光调控开关

当多个微环谐振腔串联时,可获得平顶、边缘陡峭的信号通道波带。合理选择串联微环谐振腔的参数和微环耦合间隙距离,串联微环谐振腔越多,可得到边界越陡的信号通道波带。文献[21]给出了三环串联构成的开关实验结果,其顶部波动在 0.65 dB,顶部与通带外的信号强度比超过 40 dB,通带宽度为 0.38 nm,自由频谱范围 10 nm,微环半径 10 μm,插入损耗低于 0.9 dB,调谐效率为 48.4 mW/nm。施加 10 kHz 热调制信号,信号响应的上升时间为 12.63 μs,下降沿时长 6.31 μs。上升沿时间是信号强度从 10% 增加到 90% 的时间间隔,下降沿时间是信号强度从最大强度的 90% 下降到 10% 的时间间隔。

文献[22]开关结构中三环微腔的直径为 6 μm,带宽为 1.4 nm,自由频谱范围 28 nm,顶部与通带外的信号强度比超过 22 dB,插入损耗低于 3 dB,可传输 160 Gb/s 的信号。

4. 四环串联微谐振腔热光调控开关

文献[22]报道了四环串联微谐振腔热光调控光开关,该结构上方为铬加热器,微环谐振腔位于加热器的下方,加热器和谐振腔的形状和尺寸相近,左端为信号入口,提取的信号从右端输出。信号也可从右端加入,从左端出口提取。每个微环谐振腔由上方对应的加热器单独调控,不影响其他通道的信号。这种结构的多波长选择开关,单个微环弯曲半径是 55 μm,微环长度 610 μm,开、关的消光比达到 46.6 dB,串扰低至 −24.5 dB。

这种结构还可作为分插(add/drop)复用器使用。文献[23]将两个四环谐振腔开关串联使用,每个开关的频谱自由光谱范围是 2.2 nm,通带的带宽为 0.21 nm,两个开关串联后通带宽度达到原来的两倍,变为 0.42 nm,这在光网络中是实现波分复用行之有效的方法。

5.2.3　光控微环谐振腔开关

光控微环谐振腔开关的运行有多种机制,一种是通过高强度激光泵浦微环谐振腔,利用波导材料的光学克尔效应调控谐振腔波导材料的折射率,控制谐振腔的共振波长,进而控制光交换。第二种,在激光作用下,微环谐振腔内因单光子或双光子吸收产生自由载流子(电子和空穴),自由载流子浓度变化,引起微环谐振腔内材料折射率变化,改变谐振腔的共振波长,进而控制光交换[8,24]。另外一种,利用激光束在谐振腔外部给谐振腔加热,通过谐振腔波导的温度变化改变微环谐振腔内波导材料的折射率,从而调控微环谐振腔光信号波长[25]。泵浦光可以通过光耦合器、波分复用器耦合进入微环谐振腔,如图 5.9 所示。微环谐振腔外部加热则可通过聚焦激光束从微环表面垂直照射在微环谐振腔波导上,如图 5.10 所示。

图 5.9　激光通过波分复用耦合输入微环　　图 5.10　激光垂直聚焦微环调控全
　　　　谐振腔全光调控开关结构原理图　　　　　　　　光开关结构原理图

全光调控开关目前主要限于单环结构,但因泵浦光与波导之间和波导与微环之间耦合系数低,微环中波导光强度较低,对微环波导的折射率的调控范围有限。外加的泵浦激光器和结构增加了空间体积,整体结构变得相对复杂和庞大,这些因素影响开关的集成。

文献[9]报道了一只单进双出 1×2 硅基宽带全光开关,利用微环谐振腔的多个共振波长共用相同周长的特性,通过调节耦合进入微腔的光强,同时调控几十个波长通道。泵浦光波长为 1550 nm,微环半径为 100 μm,占用面积约为 0.04 mm²。按照图 5.9 进行测试,泵浦和探测信号通过耦合器结合进入微环开关,由开关的耦合信号提取出口和直通口输出,利用功率计和光谱仪对其进行表征。此外,利用相同长度和横截面结构尺寸的波导作为参考。利用同一激光器同时调控 20 个连续波长通道,通道间隔 0.8 nm,自由频谱范围也是 0.8 nm,开关信号强度比达18.7 dB,每个通道的带宽为 0.085 nm(对应频带 10.6 GHz),开关时间在 1 ns 左右,信号提取口的插入损耗 2.3 dB。这种开关因同时调控所有通道,克服了常规微环谐振腔开关的总带宽较窄的缺点,可用于光网络系统中的波分复用。

飞秒脉冲激光因具有较高峰值功率,泵浦微环谐振腔可引起材料折射率发生较大的变化。文献[26]报道采用中心波长为 415 nm 的飞秒激光脉冲,对谐振腔的几何尺寸与文献[9]相同的微环开关调控,同时控制 40 个波长通道,通道间隔约为 0.85 nm,总带宽跨越 33 nm,开关时间少于 1 ns。泵浦后,微环的共振波长移动 0.2 nm,微环在 1532 nm 至 1565 nm 的波长光谱范围的插入损耗少于 3 dB。

　　据文献［25］报道，全光调控 2×2 开关如图 5.11 所示，由两个微环和交叉光波导组成，各微环单独调控。用波长分别为 1536.6 nm、1563.1 nm 的两个信号激光器和一个波长为 532 nm 的外部激光器调谐两个微腔的共振波长实现2×2开关功能。当泵浦时，从入口 1 进入的信号从输出口 2 输出，从入口 2 进入的信号从出口 1 输出。当没有泵浦时，从入口 1 输入的信号从出口 1 输出，从入口 2 输入的信号从出口 2 输出。其开关时间在纳秒范围，少于 2 ns，开和关的消光比在

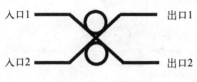

入口1　　　　　　　　出口1

入口2　　　　　　　　出口2

图 5.11　全光调控 2×2 开关示意图

11.5 dB 左右，插入损耗约为 1 dB，谐振腔的自由频谱范围是 1.6 nm，每个通道的通带宽度为 0.1 nm（对应 12.5 GHz）。实验用 6 个波长通道，波长从 1542.9 nm 到 1559.8 nm，2×2 开关是光网络结构的基本单元，可用来构建较复杂的路由结构，实现集成光网络的多种功能。

　　全光泵浦开关一般具有快速的开和关能力，但光泵浦方式占用空间较大。目前，采用电子载流子注入的方式调节微环谐振腔的折射率替代光泵浦实现光开关运行功能比较常见，况且载流子注入方式可在速度、插入损耗、功率要求等方面得到改进和完善，获得更可靠、更稳定的性能。

5.3　微环谐振腔光开关性能比较

　　微环谐振腔光开关设备的性能与其波长调谐方法、开关结构和几何结构参数相关，它们的通带宽度和插入损耗取决于微环数、微环直径、微环波导结构和尺寸、微环波导之间的耦合方式和耦合间距。

　　利用小微环谐振腔器件可以获得大的调谐范围和大的自由频谱范围[27,28]。合理设计微环谐振腔结构，选择适当尺寸，多个微环谐振腔耦合串联可以获得宽平顶光谱通带[13,20,29]，即采用多个微环替代单个微环，可获得平顶光谱通带。

5.3.1　电光调控微环谐振腔开关性能

　　硅材料的折射率不能直接由克尔效应进行调节，它的折射率可由注入载流子（电子和空穴）在 p－i－n 结引起的等离子体色散效应进行调控。硅材料微环谐振腔电光开关是基于等离子体色散效应实现其运行功能的，可以获得比较快

的开关速度,切换时间在 1 ns 量级。串联多个微环开关可以实现平顶通带输出。据报道[30],三个硅材料微波导构成的微环电光开关,当微环直径为 5 μm、信号波长为 1550 nm 时,平顶通带的宽度可达 1 nm,对应的频谱宽度为 125 GHz,自由频谱范围为 32 nm。当光网络采用密分通道间隔,1 nm 宽的通带可兼容多个信道,在信道间隔为 50 GHz、25 GHz、12.5 GHz、6.25 GHz 可容纳 2、5、10 和 20 信道[31]。这里 6.25 GHz 为弹性光网络最小的信道间隔。如果进一步减小微环尺寸,微环直径为 3 μm,在 1550 nm 波长时,通带宽度为 1.7 nm(对应的频谱宽度为 210 GHz),频谱的自由范围达 52 nm(用频率表示,对应 6.34 THz),插入损耗只有 2.9 dB,耦合信号提取口的开关消光比达 25 dB[28]。此设备在一个自由频谱范围内可容纳 30 个信道间隔为 6.25 GHz 的高比特率数据通道,缺点是通带顶部不平整。当微环的直径减小到 2 μm,通带宽度可达 3.3 nm,对应的频率通带为 410 GHz,自由频谱范围为 80 nm,可跨越 C 带和 L 带。这种设备可容纳 60 个通道间隔为 6.25 GHz 的高比特率数据信道。

微环谐振腔电光开关优点:一方面微环谐振腔电光开关利用电光效应进行调控,开关速度快;另一方面开关可通过 CMOS 兼容工艺制造,制造成本低,并可单片集成。这种开关可用于高速光通信网络和光互连,特别是适用于片上光网络。

微环谐振腔电光开关的缺点主要是微环开关的共振波长对环境温度变化比较敏感,容易发生漂移。常温下硅材料的热光系数约为 1.86×10^{-4} K^{-1},受环境温度的变化,微环谐振腔的共振波长波动。针对谐振腔波长波动,有多种方法可以解决这一个问题。一种方法是采取主动补偿。在开关结构中设置加热器,并提供反馈控制,对微环开关波长进行动态调控,文献[32][33][34]采用了这种方案。另外一种方案是被动补偿。利用负热光系数的材料作为微环谐振腔波导的包层,来抵消正的热光系数的作用,实现稳定的电光开关调控。文献[35]至文献[38]采用这种方案。其他如利用马赫—曾德尔干涉仪设计,稳定微环谐振腔开关设备的共振波长。这种方案利用温度变化造成微环谐振腔的波长蓝移,抵消波长红移,从而实现微环谐振腔的共振波长的稳定,文献[39]与文献[40]报道了这种方法。也可通过对驱动信号进行预处理和预留,减轻谐振腔的共振波长的漂移。

5.3.2 热光调控微环谐振腔光开关性能

微环谐振腔热光开关调谐范围宽,但开关速度慢,受热扩散速度的影响,硅基微环谐振腔热光开关的切换时间典型值在 10 μs 量级,可用于对开关速度要求较低的光网络。微环谐振腔热光开关设备的优点是调谐范围广,可达 20 nm,也容易制造,可集成在 SOI 衬底上,成本低。

5.3.3　光控微环谐振腔开关性能

光控微环谐振腔开关功能一般是基于克尔效应、单光子或双光子吸收产生自由载流子、光吸收热效应引起波导折射率变化实现的,也可通过反向拉曼散射调控腔内光传输损耗予以实现。

硅材料不具备强的非线性和大的电光系数,克尔效应强烈依赖于材料的非线性电光系数。因此,为实现全光调控功能,需要高泵浦功率甚至超高功率激光器泵浦。这种情况下,泵浦激光可能破坏或损伤微环谐振腔。因此利用克尔效应对硅基微环谐振腔开关设备进行调控不是一个有效方法。

光吸收热效应是波导材料吸收泵浦激光的能量,被吸收的能量转化成热,加热改变波导的温度,造成波导材料的折射率变化。

单光子或双光子吸收在光波导内产生自由载流子,自由载流子浓度变化,引起微环谐振腔内材料折射率变化,改变微环谐振腔的共振波长,进而调控光交换,这是实现全光调控的有效方法。

硅材料反向拉曼散射在反斯托克斯波长会造成波导传输强损耗,利用这种效应实现微环开关的全光调控将是一个有效方案。

光控微环开关的切换速度快,开关时间小于 1 ns,几十个通道可以同时调控,但与电光调谐调控开关相比,在开关结构、速度、插入损耗、功耗、设备稳定性方面并不占优势,因为波长调谐范围小,通带宽度窄。如果用飞秒激光脉冲泵浦微环谐振腔,激光器的费用高,而且占用的空间大,不适宜器件的集成。

表 5.1 给出了三种方案的开关时间、调谐范围、复杂性比较。

表 5.1　电光、热光、全光调谐微环开关性能比较

波长调谐方案	开关时间	典型波长调谐范围	结构复杂程度
电光	1 ns	2.8 nm	简单
热光	10 μs	>20 nm	简单
全光	1 ns	0.2 nm	复杂

5.4　小　　结

本章介绍了硅光子微环谐振腔开关器件的波长调谐技术,微环谐振腔开关的共振波长可以通过微环波导材料的电光效应、热光效应、光生自由载流子现象进行调节,微环谐振腔开关器件的性能取决于波长调谐方法、微环谐振腔结构、物理参数、波导间耦合间距,它们的通道带宽与微环的数量、直径以及微环之间耦合间隙量相关。小尺寸的微环开关器件可以获得大的频谱自由范围、宽的通道带宽和大的波长调谐范围。开关的通带宽度与串联的微环数密切相关,合理设计微环结构、选择微环尺寸,较多的微环谐振腔串联,可以获得边沿陡峭、顶部平坦的宽光谱通带。

电光调控微环开关的切换速度快,切换时间在 1 ns 量级,可取得较满意的波长调谐范围,如三环开关可获得 2.8 nm 以上调节范围,但是开关通带的中心波长可能因 p-i-n 结载流子注入引起温度波动而漂移,这制约了光互连系统信号传输能力。幸运的是有多种方法控制或消除它们的中心波长漂移,如温度补偿、波长跟踪和反馈、马赫-曾德尔干涉仪波长稳定、驱动信号预留等方法。

热光调控微环开关可获得大的波长调节范围,切换速度慢,开关时间典型值在 10 μs 左右,调节微环开关的波长相对容易,信号传输能力强。

通过单光子或双光子吸收在硅材料中产生自由载流子,自由载流子浓度变化,可以改变微环谐振腔开关器件中光波导的折射率,能同时对几十个波长信道进行调控,但是由于调控开关泵浦光源的引入,占用空间大大增加、复杂程度加剧;波导尺寸小,调控光耦合进入波导的能量有限,耦合损耗大,需要高激发光功率。这些使得全光调控开关的结构复杂、体积庞大,实际应用很受限制。在开关切换速度、插入损耗、功耗、器件稳定性方面,全光调控开关与电光调控微环谐振腔开关相比,目前报道结果显示并无明显优势。因为电光调控微环开关的速度与光控开关的速度相差不大,但结构相对简单,插入损耗低,功耗小,运行稳定性好,是三者中较有优势的一种开关。

参 考 文 献

[1]　Sherwood-Droz N, Wang H, Chen L, et al. Optical 4×4 hitless silicon router for optical networks-on chip (NoC). Optics Express, 2008, 16(20): 15915 − 15922.

[2] Yao Z, Wu K, Tan B, et al. Integrated silicon photonic microves onators: Emerging technologices. IEEE Journal of Selected Topics in Quantum Electronics, 2018, 24 (6): 5900324.

[3] Papaioannou S, Vyrsokinos K, Tsilipakos O, et al. A 320 Gb/s-throughput capable 2×2 silicon-plasmonic router architecture for optical interconnects. Journal of Lightwave Technology, 2011, 29(21): 3185 − 3195.

[4] Goebuchi Y, Hisada M, Kato T, et al. Optical cross-connect circuit using hitless wavelength selective switch. Optics Express, 2008, 16(2): 535 − 548.

[5] Soref R, Bennett B. Electrooptical effects in silicon. IEEE Journal of Quantum Electronics, 1987, 23(1): 123 − 129.

[6] Geis M W, Spector S J, Williamson R C, et al. Submicrosecond submilliwatt silicon-on-insulator thermooptic switch. IEEE Photonics Technology Letters, 2004, 16(11): 2514 − 2516.

[7] Sherwood-Droz N, Wang H, Chen L, et al. Optical 4×4 hitless silicon router for optical networks-onchip(NoC). Optics Express, 2008, 16(20): 15915 − 15922.

[8] Almeida V R, Barrios C A, Panepucci R R, et al. All-optical control of light on a silicon chip. Nature, 2004, 431: 1081 − 1084.

[9] Lee B G, Biberman A, Dong P, et al. All-optical comb switch for multiwavelength message routing in silicon photonic networks. Photonics Technology Letters, 2008, 20(10): 767 − 769.

[10] Barrios C A, de Almeida V R, Lipson M. Low-power-consumption short-length and high-modulation-depth silicon electrooptic modulator. Journal of Lightwave Technology, 2003, 21 (4): 1089 − 1098.

[11] Xu Q, Schmidt B, Pradhan S, et al. Micrometre-scale silicon electro-optic modulator. Nature, 2005, 435: 325 − 327.

[12] Biberman A, Lira H L R, Padmaraju K, et al. Broadband silicon photonic electrooptic switch for photonic interconnection networks. IEEE Photonics Technology Letters, 2011, 23 (8): 504 − 506.

[13] Xu L, Zhang W, Li Q, et al. 40 Gb/s DPSK data transmission through a silicon microring switch. IEEE Photonics Technology Letters, 2012, 24(6): 473 − 475.

[14] Luo X, Song J, Feng S, et al. Silicon high-order coupled-microring-based electro-optical switches for on-chip optical interconnects. IEEE Photonics Technology Letters, 2012, 24 (10): 821 − 823.

[15] Tinker M, Lee J. Thermo-optic photonic crystal light modulator. Applied Physics Letters,

2005, 28: 221111.

[16] Gan F, Barwicz T, Popovic M A, et al. Maximizing the thermooptic tuning range of silicon photonic structures. IEEE 2007 Photonics in Switching, San Francisco, 2007: 67 – 68.

[17] Ji R, Yang L, Zhang L, et al. Five-port optical router for photonic networks-on-chip. Optics Express, 2011, 19(21): 20258 – 20268.

[18] Dong P, Qian W, Liang H, et al. Low power and compact reconfigurable multiplexing devices based on silicon microring resonators. Optics Express, 2010, 18(10): 9852 – 9858.

[19] Stamatiadis C, Gomez-Agis F, Stampoulidis L, et al. The BOOM project: Towards 160 Gb/s packet switching using SOI photonic integrated circuits and hybrid integrated optical flip-flops. Journal of Lightwave Technology, 2012, 30(1): 22 – 30.

[20] Dahlem M S, Holzwarth C W, Khilo A, et al. Reconfigurable multi-channel second-order silicon microring resonator filterbanks for on-chip WDM systems. Optics Express, 2011, 19 (1): 306 – 316.

[21] Hu T, Wang W, Qiu C, et al. Thermally tunable filters based on third-order microring resonators for WDM applications. IEEE Photonics Technology Letters, 2012, 24(6): 524 – 526.

[22] Stamatiadis C, Vyrsokinos K, Stampoulidis L, et al. Silicon-on-insulator nanowire resonators for compact and ultra-high speed all-optical wavelength converters. Journal of Lightwave Technology, 2011, 29(20): 3054 – 3060.

[23] Tanaka K, Kokubun Y. Demonstration of OCDM coder and variable bandwidth filter using parallel topology of quadruple series coupled microring resonators. IEEE Photonics Journal, 2011, 3(1): 20 – 25.

[24] Almeida V R, Barrios C A, Panepucci R R, et al. All-optical switching on a silicon chip. Optics Letters, 2004, 29(24): 2867 – 2869.

[25] Lee B G, Biberman A, Sherwood-Droz N, et al. High-speed 2 × 2 switch for multiwavelength silicon-photonic networks-on-chip. Journal of Lightwave Technology, 2009, 27(14): 2900 – 2907.

[26] Dong P, Preble S F, Lipson M. All-optical compact silicon comb switch. Optics Express, 2007, 15(15): 9600 – 9605.

[27] Prabhu A M, Tsay A, Han Z, et al. Extreme miniaturization of silicon add-drop microring filters for VLSI photonics applications. IEEE Photonics Journal, 2010, 2(3): 436 – 444.

[28] Prabhu A M, Tsay A, Han Z, et al. Ultracompact SOI microring add/drop filter with wide bandwidth and wide FSR. IEEE Photonics Technology Letters, 2009, 21(10): 651 – 653.

[29] Xia F, Rooks M, Sekaric L, et al. Ultra-compact high order ring resonator filters using

submicron silicon photonic wires for on-chip optical interconnects. Optics Express, 2007, 15 (19): 11934 – 11941.

[30] Xiao S, Khan M H, Shen H, et al. A highly compact third-order silicon microring add-drop filter with a very large free spectral range, a flat passband and a low delay dispersion. Optics Express, 2007, 15(22): 14765 – 14771.

[31] ITU – T G.694.1. Spectral grids for WDM applications: DWDM frequency grid. International Telecommunication Union, 2020.

[32] Dong P, Shafiiha R, Liao S, et al. Wavelength-tunable silicon microring modulator. Optics Express, 2010, 18(11): 10941 – 10946.

[33] Manipatruni S, Dokania R K, Schmidt B, et al. Wavelength-tunable silicon microring modulator. Optics Letters, 2008, 33(19): 2185 – 2187.

[34] Qiu C, Shu J, Li Z, et al. Wavelength tracking with thermally controlled silicon resonators. Optics Express, 2011, 19(6): 5143 – 5148.

[35] Alipour P, Hosseini E S, Eftekhar A A, et al. Athermal performance in high-Q polymer-clad silicon microdisk resonators. Optics Letters, 2010, 35(20): 3462 – 3464.

[36] Han M, Wang A. Temperature compensation of optical microresonators using a surface layer with negative thermo-optic coefficient. Optics Letters, 2007, 32(13): 1800 – 1802.

[37] Teng J, Dumon P, Bogaerts W, et al. Athermal silicon-on-insulator ring resonators by overlaying a polymer cladding on narrowed waveguides. Optics Express, 2009, 17(17): 14627 – 14633.

[38] Raghunathan V, Ye W N, Hu J, et al. Athermal operation of silicon waveguides: spectral, second order and footprint dependencies. Optics Express, 2010, 18(17): 17631 – 17639.

[39] Guha B, Gondarenko A, Lipson M. Minimizing temperature sensitivity of silicon mach-zehnder interferometers. Optics Express, 2010, 18(3): 1879 – 1887.

[40] Guha B, Preston K, Lipson M. Athermal silicon microring electro-optic modulator. Optics Letters, 2012, 37(12): 2253 – 2255.

第6章 高阶微环谐振腔器件设计

光通信网络中的频谱资源有限,但传输负荷持续增长,如何有效利用现有资源变得非常紧迫。成熟的变频分复用技术可以帮助解决这一问题,但是变频分复用技术在传统固定的波长通道间隔波分复用光网络中不适用,应使用灵活的、弹性的、可变的波长通道间隔和频率。

弹性光网络的基本设备和器件是弹性波长选择开关,此种开关要求有不同带宽通道的切换功能和处理能力。早期的波长选择开关(wavelength selective switch,WSS)是基于集成光学元件制作的[1,2],商业波长选择开关则基于自由空间光学元件,如微机电系统(microelectromechanical system,MEMS)[3]或液晶开关元件[4]。集成与自由空间元件结合的波长选择开关[5]已用于实验,但因为体积较大,这些元件不能用于片上网络、板对板、数据中心、光互连等短程网络系统。弹性波长选择开关可由阵列波导光栅构成[6],这种开关制作相对复杂,主要问题是难以取得超窄平顶通带。

微环谐振腔具有强的波长选择特性,体积小,适合于芯片集成。微环谐振腔可用于光通信网络和光互连多种器件,如微环滤波器、微环开关、调制器、路由器、波分复用器[7-9]。选择适当的结构参数,串联多个微环谐振腔,可以获得宽的平顶通带[10,11]。取决于信道之间的切换需要,为调节通道带宽和通道中心频率,微环谐振腔器件还需要有一定的波长调谐能力,电光效应[12]、热光效应[13,14]、光致载流子产生可满足这种调谐需要。

本章将重点介绍微环谐振腔器件结构的物理模型和耦合方程,如何设计微环谐振腔结构,列举了多种微环谐振腔器件构成的光开关拓扑结构,分析了它们的光谱响应、损耗和带宽特性,并就如何获得超窄带、宽平坦通带和超宽平顶通道波带进行了分析。

6.1 高阶微环谐振腔光开关和传输矩阵模型

高阶微环谐振腔器件由两个线性波导和几个级联的微环谐振腔组成,如图6.1所示,级联 N 个微环的数量定义为器件的阶次。在这些器件中,假定所有微环谐振腔均有相同的几何结构和尺寸,来自输入端口的光信号在第一条线波导中传输,满足微环谐振腔共振波长条件的光信号被耦合到第一个微环谐振腔中,并通过剩余的 $N-1$ 个微环耦合传播到第二条线波导,并从耦合输出口输出。其余频谱信号从第一条线波导中直通端口输出。图 6.1 中, a_n、a'_n 和 b_n、b'_n 表示光波振幅, $n = 0, 1, 2, \cdots, N+1$, k_n 表示无量纲场耦合系数,对应的 k_n^2 为耦合功率系数, k_0^2、k_N^2 表示线波导与微环谐振腔之间的功率耦合系数。

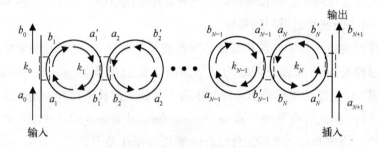

图 6.1　高阶微环谐振腔光开关器件结构示意图

微环器件的一个重要特性是它们的光谱响应特性,它反映输出口信号随输入信号的变化。各参数之间的关系可利用场耦合矩阵理论进行分析[15],它们之间可用下式关联起来:

$$\begin{bmatrix} a_{N+1} \\ b_{N+1} \end{bmatrix} = \prod_{n=0}^{N-1} (P_{N-n} Q_{N-n}) \cdot P_0 \begin{bmatrix} a_0 \\ b_0 \end{bmatrix} \tag{6.1}$$

式中, a_i、b_i 是场振幅; P_n 是第 $n-1$ 个微环与第 n 个微环之间的耦合矩阵; P_0 对应输入波导与第一个微环之间的耦合矩阵; P_N 对应最后一个微环与输出波导之间的耦合矩阵。 P_n 按下式计算:

$$P_n = \frac{1}{k_n} \begin{bmatrix} -t_n & 1 \\ -1 & t_n^* \end{bmatrix} \tag{6.2}$$

式中, t_n 是第 $n-1$ 个微环与第 n 个微环之间的场传输系数; t_n^* 是 t_n 的共轭复数。 $|t_n|^2$ 对应传输功率系数。当波导与微环之间的耦合或微环与微环之间的耦合损耗忽略不计时, k_n 与 t_n 之间满足 $|k_n|^2 + |t_n|^2 = 1$。

Q_n 表示第 n 个微环内的场传输矩阵,按下式计算:

$$Q_n = \begin{bmatrix} 0 & e^{-i\beta R\pi} \\ e^{i\beta R\pi} & 0 \end{bmatrix} \tag{6.3}$$

式中, $\beta = \dfrac{2\pi n(f)f}{c} + i\alpha$, $n(f)$ 是有效折射率,与波长相关, f 是传输模波长对应的频率, c 是真空中的光速, α 是微环中单位长度的传输损耗; R 是微环半径; π 是圆周率。

对方程(6.1)进一步整理,得到下列方程:

$$\begin{bmatrix} a_{N+1} \\ b_{N+1} \end{bmatrix} = \begin{bmatrix} A & B \\ C & D \end{bmatrix} \begin{bmatrix} a_0 \\ b_0 \end{bmatrix} \tag{6.4}$$

式中, b_0 和 b_{N+1} 是直通输出端口和耦合输出端口的信号场振幅,它们分别为

$$b_0 = \frac{a_{N+1}}{B} - \frac{A}{B}a_0 \tag{6.5}$$

$$b_{N+1} = \frac{D}{B}a_{N+1} + \left(C - \frac{AD}{B} \right) a_0 \tag{6.6}$$

6.2 高阶微环谐振腔光开关的物理特性

作为微环谐振腔,一个重要参数是波导的有效折射率,或模式折射率。模式折射率与波导的横截面结构尺寸紧密相关。一个典型微环谐振腔波导的结构,如一个硅基波导微环谐振腔光开关,波导的包层为二氧化硅,衬底为单晶硅。芯层横截面为矩形,宽为450 nm,厚250 nm,波导的顶部、底部、左右两侧为二氧化硅包层,顶部、底部包层厚度分别为 1 μm 和 3 μm。当载波光信号波长为1.55 μm时,光信号在波导中传输为单模,用有限差分法,可求得波导的有效折射率对横电模(TE)为3.212,对横磁模(TM)为3.023。

微环谐振腔的其他重要参数还有微环直径、微环数、波导与微环之间的耦合系数、微环与微环之间的耦合系数、光信号在波导中的传输损耗。在下一小节中将分别介绍这些参数对微环谐振腔光开关的物理特性的影响,特别是它们对微环谐振腔光开关器件的输出光谱响应特性的影响。

一般情况下,波长选择开关如果具有平顶陡边通带或箱形光谱响应,可以有

效减小各通道之间的信号串扰和噪声,降低通信系统的误码率。下面将重点围绕开关通带形状和带宽的优化设计进行介绍。

分析过程中光谱响应采用式(6.1)~式(6.6)进行模拟。模拟过程中,假定所有微环的结构和尺寸相同,因为通常串联微环结构设计是这种情况,便于制造。

6.2.1　微环数对高阶微环谐振腔光开关物理特性影响

多个微环串联时,波导与微环、微环与微环之间的功率耦合系数满足下列条件可在输出口处取得平顶光谱带:

$$k_1^2 = k_2^2 = \cdots = k_{N-1}^2 = 0.25 k_0^4 = 0.25\, k_N^4 \tag{6.7}$$

式中, k_0^2, k_1^2, $\cdots$, k_{N-1}^2, k_N^2 表示线波导与微环之间的功率耦合系数,与前一节含义相同, k_0^2 表示线性波导与第一个微环之间的功率耦合系数, k_N^2 为最后一个微环与另一线性波导之间的功率耦合系数,且 $k_0^2 = k_N^2$ 。

图 6.2 为 N 阶微环谐振腔器件在信号输出口处的光谱响应曲线实例,耦合系数满足方程式(6.7)。从图中曲线可以看出,单个微环谐振腔器件的光谱响应为洛伦兹曲线;两个微环谐振腔时,光谱响应曲线的顶部加宽,但不平坦;三个微环谐振腔时,光谱响应曲线的顶部变得平坦;当微环数为 5 时,光谱响应曲线的

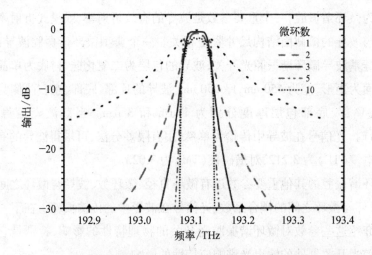

图 6.2　高阶微环谐振腔器件的光谱响应曲线与微环数之间的关系(图
中微环直径为 20 μm,波导传输损耗为 3 dB/cm, k_0^2 为 0.16)

顶部出现了波动。这表明,高阶微环谐振腔光开关器件光谱响应曲线随微环数变化而变化,当微环数量适当时,可以获得平顶陡边光谱响应。

6.2.2　耦合系数对高阶微环谐振腔器件的物理特性影响

　　在适当的结构和耦合条件下,三微环谐振腔构成的光开关可获得平顶陡边的响应谱线。这里选择三微环谐振腔光开关分析波导与微环、微环与微环之间功率耦合系数对高阶微环谐振腔光开关器件的输出特性的影响。图 6.3 给出了三微环谐振腔构成的光开关器件输出响应特性曲线随微环与微环之间功率耦合系数的变化情况,波导与微环和微环与微环之间功率耦合系数满足方程式(6.7)。由图可知,随微环和微环之间耦合系数的增加,所获得的通道带宽增加。这是因为耦合系数与微环之间距离、微环横截面的宽度相关,增加微环与微环之间耦合系数意味着两微环之间的距离减小;另一方面微环横截面变宽,微环的几何直径范围加大,可耦合光波长的带宽增加;波导与微环之间耦合系数增加意味着二者之间的距离减小。因此可获得较宽的平顶陡边光谱或光频通带。

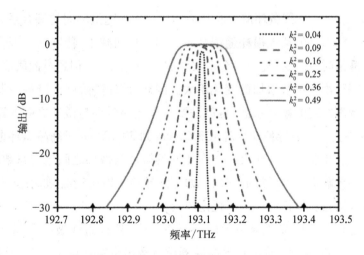

图 6.3　高阶微环谐振腔器件输出响应特性曲线形状随微环之间功率耦合系数变化情况(微环直径为 20 μm,波导传输损耗 3 dB/cm)

　　图 6.4 显示三阶微环谐振腔光开关的通带形状和带宽与微环之间耦合系数之间的关系。从图中可以看出,光开关的带宽随耦合系数增大而线性增加。此图也给出了三阶微环谐振腔光开关的通道带宽与波导传输损耗之间的关系。当

波导传输损耗增加时,开关器件的通道带宽几乎不变,也表明开关器件的通道带宽不受波导传输损耗的影响。

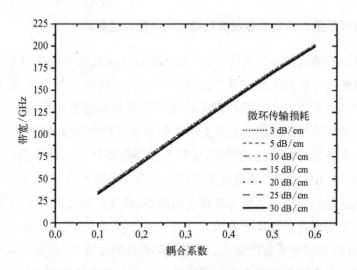

图 6.4 高阶微环谐振腔光开关器件通道带宽随微环之间
耦合系数变化的关系曲线(微环直径为 20 μm)

图 6.5 给出了三阶微环谐振腔开关的插入损耗随微环间的耦合系数变化曲线。此图表明器件的插入损耗随耦合系数的增加而减小,特别是当耦合系数低于某一个阈值时,插入损耗随耦合系数增加而快速减小。但超过此阈值时,器件的插入损耗随耦合系数增加而变化不大。因此,设计高阶微环谐振腔器件时要合理选择微环之间的耦合系数,也就是要合理选择微环与微环之间的距离。另外,图 6.5 中给出了波导传输损耗从 3 dB/cm 到 30 dB/cm 时高阶微环谐振腔器件插入损耗变化曲线。曲线反映出在相同的微环与微环之间耦合系数时,插入损耗随波导传输损耗的增加而增加。如果波导传输损耗较低,如小于 3 dB/cm,则总的微环谐振腔器件的插入损耗比较低。

在给定微环之间光耦合系数的情况下,合理选择直线波导与微环之间的耦合系数也可以增加高阶微环谐振腔器件的输出带宽。以三阶微环谐振腔器件为例,设定直线波导与微环之间的耦合系数以及微环之间耦合系数满足如下方程:

$$k_1^2 = k_2^2 = 0.25 \gamma k_0^4 \tag{6.8}$$

式中,系数 γ 与直线波导与微环之间的耦合系数直接相关;k_1^2、k_2^2 分别是第一个

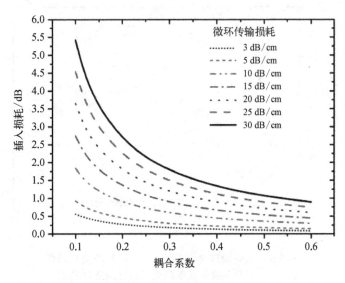

图6.5　高阶微环谐振腔光开关器件插入损耗随微环之
间的耦合系数变化曲线(微环直径为 20 μm)

微环与第二个微环之间、第二个微环与第三个微环之间的光功率耦合系数；k_0^2
是输入波导与第一个微环或输出波导与第三个微环之间的光功率耦合系数，这
两个耦合系数是相同的，因为器件结构是对称分布的。方程(6.8)中 k_0^4 意味着
直线波导与微环之间的耦合系数比微环与微环之间的耦合系数高。当系数 γ 增
加时，微环谐振腔器件的输出带宽增加，但大于某一个值时，原先呈现的平顶通
带顶部出现了波动。而 γ 增加意味相邻两微环之间的耦合系数增加，因此设计
微环结构和选择微环之间的间隙时，要进行合理取舍。

6.2.3　微环尺寸对高阶微环谐振腔开关光谱响应特性影响

　　高阶微环谐振腔器件的光谱响应特性与微环直径密切相关，可获得的平顶
通道带宽随微环直径变化。如果假定微环之间耦合系数为常数，高阶微环开关
器件可获得的平顶通道带宽随微环直径增加而减小，如图 6.6 所示，图中计算值
是假定微环的波导传输损耗为 5 dB/cm 时取得的，微环之间、微环与波导之间的
耦合系数满足方程(6.7)，图中 k_{in} 为直线波导与第一只微环之间和最后一只微
环与直线波导之间的光功率耦合系数，即 k_0^2。从图中可以看出，微环直径越小，
取得的带宽越大。因此，设计时应考虑利用较小直径的微环来获得大的平顶通
带，特别是设计用于弹性光网的波长选择开关器件时，更应考虑这一点。

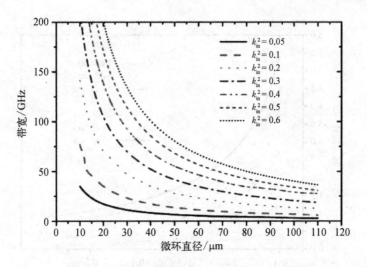

图 6.6　不同微环之间耦合系数时,高阶微环谐振
腔开关通带宽度随微环直径的变化关系

　　图 6.7 给出了指定带宽时高阶微环开关的插入损耗随微环直径的变化关系,其中每一条曲线对应一个固定的通道带宽。微环开关的插入损耗由弯曲损耗、微环波导固有的传输损耗和波导间耦合损耗组成。当微环直径较小时,高阶微环开关的插入损耗随直径增加而迅速减小;当微环直径较大时,高阶微环开关的插入损耗随直径增加而变化不大。出现这种情况的主要原因在于小尺

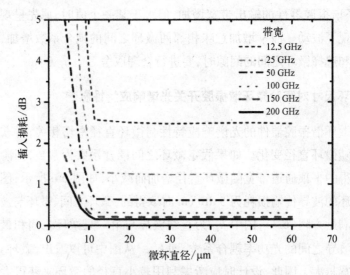

图 6.7　不同通道带宽时,高阶微环开关的
插入损耗与微环直径之间的关系

寸微环的弯曲造成较大传输损耗,特别是微环的弯曲损耗随微环的直径减小而呈指数增长[16-18]。假定当微环直径大于 10 μm 时,微环中波导的传输损耗等于 5 dB/cm;当直径小于 10 μm 时,微环中波导的传输损耗与微环的直径为负指数关系[17,18]。由图 6.7 可见,当微环直径大于 10 μm 时,微环开关的插入损耗几乎无多大变化。这原因如上所述,固定通道带宽后,意味微环之间和微环与线性波导的耦合系数随微环直径增大而增加,增加的耦合系数补偿了微环波导的传输损耗,结果微环谐振腔器件的插入损耗几乎不变。

6.3　高阶微环谐振腔波长选择光开关

波长选择光开关是光通信网络中一个很重要的元件,在弹性光网络中显得更为重要。由上所述,改变微环之间耦合系数和微环直径,或改变高阶微环谐振腔开关的数量可以获得一定宽度的平顶陡边通带。事实上,通过合理设计高阶微环谐振腔开关,可以获得很窄的通道带宽,也可获得较宽的带宽。在三只微环串联情况下,选定微环直径 20 μm,微环与线性波导间耦合系数为 $k_0^2 = 0.02$,微环之间耦合系数为 $k_1^2 = k_2^2 = 0.01$,在标准载波频率 193.1 GHz 时可获得带宽只有 6.25 GHz 的平顶陡边通带。这种极窄平顶陡边通带采用常规滤波器件是很难取得的。而这元件的损耗也是适宜的,当微环内光传输损耗为 5 dB/cm,整体的插入损耗为 4.35 dB 左右。此外,对较大的通道带宽,适当选择微环尺寸、微环间耦合系数、微环与波导之间的耦合系数,单个高阶微环谐振腔波长选择光开关也可以实现。如果光网络系统需要更宽的通道带宽,可以并联多个高阶微环谐振腔器件予以实现。

图 6.8 是一个 1×4 的波分复用器,四个出口的通道带宽分别为 12.5 GHz、25 GHz、50 GHz 和 100 GHz。为设计这种器件,可选取微环直径 20 μm,它们的线性波导与微环之间的耦合系数 k_0^2 分别为 0.037、0.072、0.15 和 0.285,而微环之间的耦合系数满足关系式(6.7),其中四组微环中波导的有效折射率分别为 3.212、3.214、3.216 和 3.22,假定微环内光传输损耗为 5 dB/cm,对应的插入损耗分别为 2.5 dB、1.33 dB、0.72 dB 和 0.47 dB。

图 6.9 是将上述结构的输出口重新组合,通过开关的调节控制取得不同的通道带宽实例。该结构与图 6.8 有相同的结构,通道带宽的分布也相同,但增添了输出控制功能,可以更灵活地组合不同通道带宽,满足光网络对信号波长和频

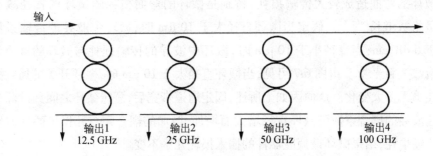

图 6.8　1×4 高阶微环谐振腔开关结构示意图，四组微环的通
道带宽分别为 12.5 GHz、25 GHz、50 GHz 和 100 GHz

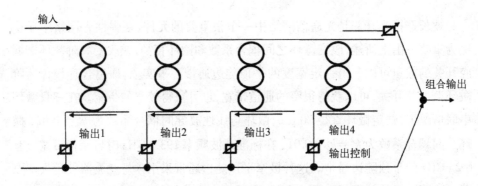

图 6.9　组合输出高阶微环谐振腔开关结构示意图

谱的需要，特别是可作为光网络的基本功能模块，并可通过设计获得低插入损耗，实现弹性通道带宽选择功能。

　　微环谐振腔器件也有固有缺陷，它们的共振波长对微环几何尺寸非常敏感。微环直径、波导厚度、波导宽度等的变化会明显引起微环谐振腔共振波长的变化，如 10 nm 的微环直径误差可能导致微环共振波长漂移 0.5 nm，而 10 nm 的制造精度在半导体微制造业中要求是非常高的。微环间隔的变化会直接造成微环之间的耦合系数变化，导致微环谐振器件带宽波动。

　　从以上介绍可以看出，平顶陡边通带或箱式光谱响应可以通过串联几个谐振腔微环获得，通道带宽受微环直径、微环之间的耦合系数以及微环与输入、输出直线波导之间的耦合系数影响。这里详细分析了高阶微环谐振腔器件的结构参数对光谱响应曲线带宽的影响，显示在三阶微环谐振腔结构中，平顶陡边通道带宽与微环之间耦合系数成正比，与微环直径成反比。合理设计高阶微环谐振腔器件的结构,适当选择微环直径和微环之间的间隙,可以获得很窄的通道带宽,带宽可达 6.25 GHz,也可获得较宽的通道波带,它们的插入损耗也在许可范围内变动。微环谐振腔波长选择开关可作为光通信网络特别是光互连、片上光网络的基本元件单元,具有广阔的应用前景,很多功能还有待开发,预期它们可以替代现有光通信网络中的自由空间光学器件和液晶显示器件,而且它们的尺寸小,适用于光子器件集成和片上光网络。

6.4 多级高阶微环谐振腔器件

有关多级高阶微环谐振腔器件和它们的输出频谱特性,这里重点描述如何利用多级高阶微环谐振腔结构实现平顶陡边通带输出进行分析,并介绍上述传输矩阵数值模拟过程中出现的数据溢出问题解决方法。

6.4.1 多级高阶微环谐振腔器件结构

光通信网络、片上光网络、光互联网要求它们的滤波器、光开关、波分复用器、光电探测器和其他光子器件具有平顶陡边的频谱或响应曲线,减少信道之间的串扰,均匀分布信号通道强度,降低噪声和误码率。从上一节内容可以看到,通过合理设计高阶微环谐振腔光开关器件的结构和选择适当的微环直径、微环之间的耦合参数,可以获得平顶陡边的频谱和响应曲线,但响应曲线边缘依然不太理想。

这里介绍利用多组高阶微环谐振腔元件串联取得平顶陡边频谱或响应曲线,即箱式频谱或箱式响应曲线。这种结构由多条直线波导和多个微环或多组串联的相同结构、尺寸的微环谐振腔组成,每两条直线波导和一组微环单元称为一级,中间两条直线波导的微环数称为器件的阶数,阶数的定义与前面的概念一致,这种结构称为多级高阶微环谐振腔器件。图 6.10(a)所示器件为多级一阶微环谐振腔结构。第一个微环的输出直线波导与第二个微环的信号输入直线波导是同一波导,信号从第一个微环耦合进入此直线波导,传至第二个微环时经耦合进入第二个微环,经微环传播的光信号耦合进入其输出直线波导,此直线波导也是下一级信号输入的线波导,信号经直线波导耦合进入下一级的微环,如此循环,在最后一级微环中传输的光信号与最后一级直线波导耦合输出,输出最终信号。在这种结构中,光信号经过多次中转和滤波,输出的信号边缘很陡。文献

[19]报道了用 90 个微环取得边缘很陡的输出响应,但是因级数过多,导致插入损耗很大。如果用串联的两个微环或多个微环替代单个微环,合理选择微环直径、微环之间的耦合系数,不仅可以获得平顶陡边的频谱,而且可获得较宽的通道带宽,插入损耗也大大降低。图 6.10(b)给出的是这种结构,称为多级 N 阶微环谐振腔结构,其中 N 对应每一级串联的微环数,即两直线波导间串联的微环数。

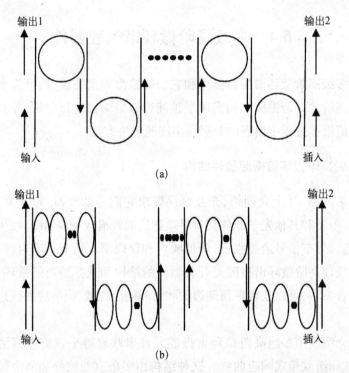

图 6.10　(a)多级一阶微环谐振腔结构;(b)多级高阶微环谐振腔结构

6.4.2　串级微环谐振腔器件传输矩阵算法改进

多级高阶微环谐振腔器件的微环数较多,当微环数超过 20 时,利用式(6.1)~(6.6)传输矩阵方程计算不稳定,计算过程中会出现数据溢出,获得的结果失去物理意义[20]。数据溢出主要是因为方程中的微环之间的耦合系数 k_n 值很小,因而 $1/k_n$ 很大。为避免数据溢出的发生,可改进矩阵算法,调整计算步骤和顺序,如下所示。

方程(6.1)可变化为方程(6.9)、(6.10)。

$$\begin{bmatrix} a_n \\ b_n \end{bmatrix} = Q_n^{-1} P_n^{-1} \begin{bmatrix} a_{n+1} \\ b_{n+1} \end{bmatrix} \tag{6.9}$$

$$\begin{bmatrix} a_0 \\ b_0 \end{bmatrix} = P_0^{-1} \prod_{n=1}^{N} (Q_n^{-1} P_n^{-1}) \begin{bmatrix} a_{N+1} \\ b_{N+1} \end{bmatrix} = \begin{bmatrix} A' & B' \\ C' & D' \end{bmatrix} \begin{bmatrix} a_{N+1} \\ b_{N+1} \end{bmatrix} \tag{6.10}$$

矩阵 P_n^{-1} 是 P_n 的逆矩阵,矩阵 Q_n^{-1} 是 Q_n 的逆矩阵,且 $Q_n^{-1} = Q_n$。

$$b_0 = \left(C' - \frac{A'D'}{B'} \right) a_{N+1} + \frac{D'}{B'} a_0 \tag{6.11}$$

$$b_{N+1} = -\frac{A'}{B'} a_{N+1} + \frac{a_0}{B'} \tag{6.12}$$

当信号从图 6.1 中的左端输入时,即 $a_0 = 1$, $a_{N+1} = 0$,由上方程可得直通输出端口的振幅 b_0 和耦合输出口的振幅 b_{N+1} 为

$$b_0 = \frac{D'}{B'} a_0 \tag{6.13}$$

$$b_{N+1} = \frac{1}{B'} \tag{6.14}$$

矩阵 P_n^{-1} 的元素与耦合系数 k_n 成正比,因 k_n 的值很小,方程(6.9)和方程(6.10)中的矩阵元都将被约束成小数值,计算过程中不会发生指数过大造成数值溢出的现象。

利用这种改进算法可得到光谱输出响应曲线,作者利用文献[21]中的参数和上述改进算法对三个微环谐振腔构成的滤波器进行分析,每个微环半径为 10 μm,微环中的波导的有效折射率为 3.8,波导中光传输损耗为 3 dB/cm,微环间功率耦合系数 k_0^2、k_1^2、k_2^2、k_3^2 分别为 0.164、0.004 9、0.004 9、0.164,模拟结果与其报道结果十分吻合。用文献[22,23]的模型和参数模拟,模拟结果与实验结果高度一致,表明这种改进算法有效。

6.4.3　多级高阶微环谐振腔开关的光谱响应特性

利用传输矩阵方程(6.9)~(6.14)对多级高阶微环谐振腔开关的输出光谱响应进行模拟,计算稳定。以下举例说明多级高阶微环谐振腔器件的光谱响应

的特征,按图 6.10(b)所示结构设计多级高阶微环谐振腔开关,每一级结构由三个谐振腔微环组成,每个微环具有相同的微环直径、波导宽度、波导厚度、包层厚度,几何结构与微环之间间隙也相同,即微环之间的耦合系数相等;此外每一级信号入口直线波导与微环之间的耦合系数和微环与信号出口直线波导之间的耦合系数相等。设定微环直径为 20 μm,微环中光传输损耗为 5 dB/cm,微环中的波导有效折射率为 3.8。依据上一节内容和不同通道 -3 dB 带宽 12.5 GHz、25 GHz、50 GHz(用波长表示的带宽为 0.1 nm、0.2 nm、0.4 nm),选取微环之间的耦合系数分别为 0.000 8、0.003、0.013,相应的直线波导与微环之间的耦合系数为 0.068、0.135、0.27。可在光传输为 TE 偏正下获得 1~6 级三阶微环谐振腔开关在微环耦合出口处光谱响应曲线,如图 6.11 所示。

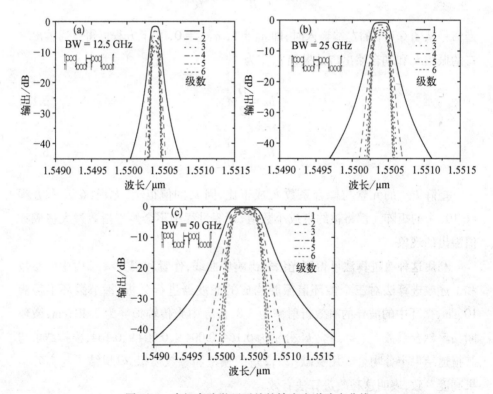

图 6.11　多级高阶微环开关的输出光谱响应曲线

图 6.11 显示多级高阶微环谐振腔开关的光谱响应曲线的边缘随级数的增加而变得陡峭,结构的级数越多越陡峭。当级数从 1 增加到 6 时,在图 6.11(a)中,-3 dB 通道带宽从 0.13 nm 减少到 0.08 nm;在图 6.11(b)中,-3 dB 通道带宽

从 0.27 nm 减少到 0.18 nm;在图 6.11(c)中,−3 dB 带宽从 0.52 nm 减少到 0.36 nm。这表明增加级数有助于改善器件的光谱响应曲线形状,特别是增加级数有助于获得陡边平顶通带。但是增加器件的级数,器件的插入损耗也增加。当级数从 1 增加到 6 时,图 6.11(a)中,插入损耗从 1.56 dB 增加到 9.49 dB;图 6.11(b)中,插入损耗从 0.78 dB 增加到 6.79 dB;图 6.11(c)中,插入损耗从 0.39 dB 增加到 2.45 dB。比较图中这三组曲线可以看出,当输出光谱较宽时,器件的插入损耗比输出窄光谱时低,意味着在宽光谱通带的情况下插入损耗比窄光谱通带低。

将图 6.10(b)结构的多级高阶微环开关与图 6.1 结构的微环开关输出响应特性数值模拟结果进行比较,会发现在相同数量的微环数情况下,多级高阶微环开关输出光谱展示清晰、顶部平坦、矩形曲线,而图 6.1 结构输出光谱随着微环数量的增加,通带顶部出现脉动起伏。引起如此差异在于多级高阶微环开关中每一级的输出光进入下一级被进一步过滤,通带边缘噪声被除去,使开关输出光谱通带变得平坦陡峭,因此,可以说从获得平顶陡边输出通道带宽角度讲,多级高阶微环谐振腔器件结构比无折转的高阶微环谐振腔输出响应优越。不过值得注意的是,随着级次增加,开关总的插入损耗增加,在设计这种器件时对级数、带宽、插入损耗应进行优化,合理取舍。

6.5　带宽可变微环谐振腔波长选择开关

6.5.1　带宽可变微环谐振腔波长选择开关结构设计

通道带宽可变的波长选择开关在片上光网络、集成光互连系统,特别是在弹性光网络中有着重要应用。这里介绍两种通道带宽可变的微环谐振腔波长选择开关结构:一种是由多个三阶微环谐振腔开关并联组成的波长选择开关结构;另一种是由具有较宽通道带宽的微环谐振腔波长开关串联组成的带宽可变波长选择开关结构。

由于固定频槽波分复用技术无法满足网络负荷增长的需要,另一方面网络负荷随时间变化,即网络负荷是动态的,频槽分配应随网络负荷变化。弹性光网络技术依据网络负荷的变化,可实时调整频槽宽度和通道频率,并变更系统中的信号调制模式,可缓解网络带宽资源紧张的状况。弹性光网络的核心器件是弹性光开关,它们在通信网络中起到至关重要的作用。

弹性光开关具备可调节自身通道带宽功能,开关的中心频率也可以调节。文献[24]最早提出可变带宽概念,目前报道有硅基液晶波长选择开关和微电机系统波长选择开关,但它们占用体积大,不能用于片上光网络和集成光互连。阵列波导光栅可用于集成光网络系统中的波长选择开关[25],这里介绍微环波长选择开关。

微环谐振腔对波长具有高度选择性,微环器件占用面积小,切换速度快,功率消耗低,这些优点引起了光通信网络和光互连科研人员的广泛关注,它们有潜力用于光互连和光网络中的高速调制器、滤波器、路由器、光开关和分插复用器,更重要的是可利用波导材料的热光效应、电光效应和等离子色散效应调控微环谐振腔的共振波长,使调节微环谐振腔器件的通道带宽变得非常灵活。

对由多个高阶微环谐振腔光开关并联组成的波长选择开关结构,可按照图6.9 的结构那样布置,各个高阶微环谐振腔开关通过电光效应控制其从耦合输出口的光载波输出,它们在下端公共波导中汇聚,最终输出到外部系统其他单元。而直接通过其上端的公共波导中的信号在其输出口添加控制。这种结构并联一系列的高阶微环谐振腔光开关,每个光开关具有不同的中心波长和通道带宽,通过选择不同组合,可以获得不同的中心波长和通道带宽输出。

6.5.2 可重构分插复用结构

基于并联的高阶微环谐振腔光开关和串联的多级高阶微环谐振腔光开关结构,可以设计各种灵活的可重构光分插复用器(reconfigurable optical add/drop multiplexer, ROADM),用于可重构的光通信和光互连网络。可重构分插复用器是一种用在密集波分复用(dense wavelength division multiplexing, DWDM)系统中可以动态配置上路或下路信号波长的器件,它可以由软件控制,灵活调整信号资源。密集波分复用网络系统广泛用于都市网络,网络结构越来越复杂[26]。固定波长和通道带宽不能满足密集波分复用光网络系统需求,可重构分插复用器依据网络业务的变化,动态地插入和分出新的波长信号,在密集波分复用系统中发挥重要的作用。

图6.12 是由并联的高阶微环谐振腔开关构成的可重构分插复用器实例,每个上下路波长选择开关由高阶微环谐振腔组成,新的波长信号可以通过上路微环谐振腔开关加载进入开关模块,并从对应的波长出口传送到光网络系统,而需要在下路分出的光信号可从不同的下路口输出。与很多可重构分插复用器不同

的是,从上下路口输入输出的载波可以输入输出某一带宽范围内含有多个波长的载波。在这种结构中分出和插入的信号波长可以通过调节微环谐振腔中的波导的折射率进行选择,折射率调节可以利用电光效应或热光效应,它还可以实现编程自动控制。此外,可重构分插复用器也可用串联的多级高阶微环谐振腔开关组成。

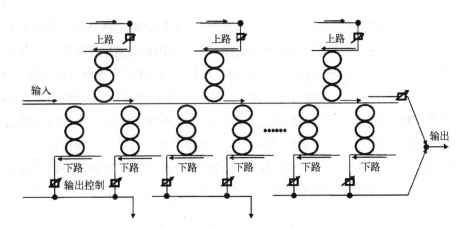

图6.12　可重构分插复用高阶微环谐振腔开关构成示意图

6.6　多端口微环谐振腔波长选择开关

6.6.1　复杂微环谐振腔波长选择开关设计

网络负荷持续增加要求对光网络和光互连进行更新改造,有不少举措(如使用波长路由波分复用技术、弹性带宽分配、带宽可变光收发技术、带宽可变光交叉连接、距离适应光谱资源分配和其他技术)增加传输能力和提高网络光谱资源的利用效率[27-29]。在这些方案中,需要具有波长选择开关和路由功能的新型光开关、路由器来满足新的要求。而且要求这些器件的光谱带宽是可变的,且具有多项功能,拓扑结构必须有多个输入输出端口。

微环谐振腔是构造可集成的能适应光网络、光互连带宽动态变化和动态分配的波长选择开关和光耦合器的理想器件,在复杂光网络、光互连系统中,特别是当网络中有大量的光学元件时,很多因素(如色散、波导间的耦合损耗以及制造误差等)会影响这些器件和系统的性能,虽然有些因素对单个器件影响不大,但大量元件累积可能导致网络结构性能的明显变化,设计时应予以考虑。

这里介绍 $1 \times N$ 带宽可变谐振腔波长选择开关结构的设计,对此种结构开关的性能进行分析,包括可变的带宽、插入损耗、相邻通道的串扰分析,随后对 $N \times N$ 带宽可变谐振腔波长选择开关结构的设计进行分析。

1. 结构设计

要设计一个复杂微环谐振腔波长选择开关,首先要确定单个微环谐振腔开关的结构,依照上一小节的分析,优先选择多个微环组成的高阶谐振腔开关作为基本单元。每个单元开关的带宽依照方程 (6.1) ~ (6.6) 来选择微环的直径、微环之间的耦合系数以及直线波导与微环之间的耦合系数,特别注意的是在开关单元中微环应对称布置[30],在单元开关中所有微环的结构和尺寸相同的情况下,信号输入端直线波导与微环之间的耦合系数应等于信号耦合输出端微环与直线波导之间的耦合系数,相邻两微环之间的耦合系数应按照文献[31]所建议的原则进行,以取得最大的平顶光谱通道带宽。

2. 通道带宽

微环谐振腔波长选择开关最重要的参数之一是通道带宽,选择通道带宽优先考虑两个相关参数:一个是微环谐振腔的自由光谱范围;另一个是开关的插入损耗。这两个参数与微环直径密切相关。依据前面的分析结果,若要求指定的开关通道带宽窄,应选用大尺寸的微环谐振腔。如果考虑用小微环谐振腔取得窄的通道带宽,则微环之间的耦合系数应很小,即微环之间为弱耦合。这种情况下,开关的插入损耗会很大。这是因为一方面微环尺寸小,微环的弯曲损耗急剧增加;另一方面微环之间耦合弱,微环之间的耦合损耗增加。因此,设计微环谐振腔开关的通道带宽应合理选择自由光谱范围和开关的插入损耗。

微环谐振腔的自由光谱范围与它的直径成反比,大直径微环谐振腔的自由光谱范围小,容易造成相邻通道之间的串扰。如果微环谐振腔开关入口信号含有多个载波波长,且波长范围覆盖几个自由光谱范围,将造成信号间的干涉和干扰。因为满足表达式 $f_2 = f_1 + m \times \mathrm{FSR}$ 的载波光信号都能从此开关的出口输出,其中 m 为所载频谱跨越自由光谱范围的倍数。在设计时,应尽可能选用较大的自由光谱范围,且自由光谱范围应大于微环谐振腔开关入口信号载波覆盖的波长范围。

3. 色散

在设计微环谐振腔波长选择开关时,应考虑影响开关性能的各种因素,其中色散对微环谐振腔波长选择开关的性能有不利的影响。波导材料的折射率随载波波长的变化而变化,有的变化明显,有的可忽略不计,因材料不同而不同。微环之间、微环与直线波导之间的耦合系数也随载波波长的变化而变化[32]。用光束传输方法(beam propagation method)对硅波导中的折射率进行模拟,可获得波导材料的折射率和微环之间耦合系数随波长变化之间的关系。有不少软件可进行模拟,最典型的是 OptiBMP 软件[33]。图 6.13 给出了横截面 0.55 μm 宽、0.22 μm 高,包层为二氧化硅的波导有效折射率、微环间耦合系数随波长变化的关系曲线。可以看出,此波导折射率随波长的增加而呈线性减小趋势(图中实线)。可用线性方程表示: $n_{eff} = 3.581\,09 - 0.183\,65\lambda$, 式中 n_{eff} 为波导的有效折射率,λ 为波长。当用频率 f 代替波长时,方程变为 $n_{eff} = 3.581\,09 - 0.183\,65c/f$ 。 可将折射率写成一般形式, $n_{eff} = n_c + \text{slope} \cdot c\left(\dfrac{1}{f} - \dfrac{1}{f_c}\right)$,其中 n_c 为中心频率 f_c 的折射率,slope 为直线的斜率。

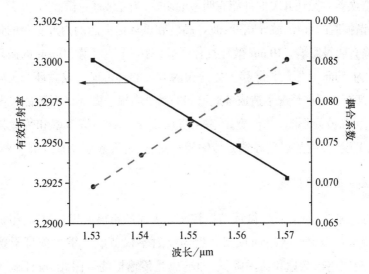

图 6.13　微环谐振腔中波导的有效折射率和微环
之间耦合系数随波长变化曲线

同样,用 BPM 法,可获得微环之间光耦合系数随波长变化之间的关系,图 6.13 中的虚线是微环间隔为 220 nm 的光功率耦合系数随波长变化,其中微环的直径为 25.234 μm。从图中可以看出,光功率耦合系数 k^2 与波长 λ 的关系式为 $k^2 = -0.529\,06 + 0.391\,2\lambda$,用频率表示 $k^2 = -0.529\,06 + 0.391\,2c/f$,写成通用形式,方程表示为 $k^2 = -k_c^2 + \text{slope}_k \cdot c\left(\dfrac{1}{f} - \dfrac{1}{f_c}\right)$, k_c^2 表示在中心频率为 f_c 时微环之间光功率耦合系数。

波导折射率随波长变化会使微环谐振腔器件的频谱移动,微环之间耦合系数变化会造成高阶微环开关的通道带宽和形状发生变化,开关的插入损耗也会发生变化。对图 6.8 给出的通道带宽为 12.5 GHz 和 50 GHz 的多阶微环开关的调谐过程实例进行分析,微环中波导折射率发生变化,其中心频率也就移动,而且由于折射率和微环间耦合系数随载波的频率或波长变化,实际的通带比理想的通带有差异,不仅通道带宽变窄或变宽,而且形状发生畸变。一般情况下,微环开关的通道带宽越宽,受微环折射率和微环间耦合系数变化影响越小,通道带宽越窄受影响越严重。

4. 制造误差

制造误差对微环开关的性能有明显的影响,当光波通过微腔时,在腔内发生共振,微环谐振腔的直径、波导宽度、波导高度和微环谐振腔的内外直径的偏差对光信号传输有明显影响。10 nm 微环直径误差,对一个直径为 10 μm 的微环谐振腔可能造成 1.5 nm 共振波长漂移。如此大的波长漂移可能造成微环开关较大的传输损耗,甚至在某些情况下造成各通道间的严重串扰。微环谐振腔的波导几何结构和尺寸(如波导形状、几何宽度、高度)决定了波导的折射率和传输模式。波导形状、宽度、高度的误差导致光传输模式变化,也引起波导有效折射率变化。

5. 波导表面粗糙度

在近红外光通信波段,微环谐振腔波导表面的粗糙度相对较高,粗糙表面导致光在传输过程中产生后向反射。后向反射不仅造成严重的信号干扰和强噪声,而且造成传输能量和功率降低,即造成光传输损耗。因此,设计微环谐振腔开关时,这些因素都应考虑,合理取舍。

6. 微环谐振腔开关模块插入损耗和串扰

插入损耗和串扰是微环谐振腔开关模块的两个重要指标。插入损耗与微环间和微环与直线波导间的耦合系数相关,耦合损耗增加必然导致开关模块的插入损耗增大。前面介绍插入损耗可以在最佳直径下取得最小值,当微环开关直径小于此直径时,由于微环内弯曲,开关的插入损耗随直径减小而迅速增加。微环谐振腔开关模块受光谱通带的形状和光谱带宽的影响,相邻信道之间的频谱间隔应大于或等于它们各自的带宽。大插入损耗会导致开关输出功率过低,强通道间的串扰会产生强的信号噪声。大插入损耗和强通道间的串扰会导致系统的信噪比下降,产生较大的误码率,在波长选择开关设计时,要特别注意。

6.6.2　多端口微环谐振腔波长选择开关结构

1. $1 \times N$ 带宽可变谐振腔波长选择开关模块

$1 \times N$ 带宽可变谐振腔波长选择开关模块可由一个公共的直线波导和 N 个开关子模块构成,在这个模块中,总共由 N 个高阶微环谐振腔开关单元构成,按照国际电信联盟电信标准 ITU - T G.694.1 中通道间隔而选用的每个微环谐振腔开关的通道带宽,如单个开关的通道带宽为 w,整个开关模块频谱可跨越 Nw,从入口端输入的信号可以由各个开关通过共振耦合提取出来,也可通过公共的直线波导从直通口输出,图 6.8 可作为典型的 1×4 开关模块。

2. $N \times N$ 带宽可变谐振腔波长选择开关模块结构

可用一组 $1 \times N$ 带宽可变谐振腔波长选择开关和一组 $N \times 1$ 带宽可变谐振腔波长选择开关构成 $N \times N$ 带宽可变谐振腔波长选择开关,$N \times 1$ 带宽可变谐振腔波长选择开关的结构与 $1 \times N$ 带宽可变谐振腔波长选择开关的相同。$N \times N$ 带宽可变谐振腔波长选择开关也可由一组 $1 \times N$ 带宽可变谐振腔波长选择开关和一组 $N \times 1$ 波分复用器或耦合器组成。

图 6.14 为两个 4×4 带宽可变谐振腔波长选择开关模块,其中图 6.14(a)带宽可变谐振腔波长选择开关由 4 个 1×4 带宽可变谐振腔波长选择开关子模块和 4 个 4×1 带宽可变谐振腔波长选择开关子模块组成。图中波长 λ_i 的下标 $i = 1$,2,3,4,表示四个不同的波长,它的右上标 a、b、c、d 表示四个微环开关子模块,每个 1×4 带宽可变谐振腔波长选择开关子模块的结构和参数相同。上方四个 1×4 带宽可变谐振腔波长选择开关子模块的输出信号被分开,分别送入下方四个 4×1 带宽可变谐振腔波长选择开关子模块的输入口,来自上方的四个波长

选择开关的输出响应通道带宽可变,调控是通过调节微环谐振的共振波长实现的,主要是通过调控微环谐振中波导的折射率来实现。信号在下方可变谐振腔波长选择开关中将进一步被滤波和处理,部分光信号在下方将被阻断。

图 6.14(b)带宽可变谐振腔波长选择开关由 4 个 1×4 带宽可变谐振腔波长选择开关子模块和 4 个 4×1 光耦合器或波分复用器组成。从上方四个 1×4 带宽可变谐振腔波长选择开关子模块的输出信号被分开,分别送入下方四个 4×1 的光耦合器或波分复用器输入口,来自上方的四个波长选择开关的输出响应通道带宽可变,调控是通过调控微环谐振中波导的折射率来调节微环谐振的共振波长实现。光耦合器制造简单,成本较低,插入损耗较低,但波长选择能力弱。

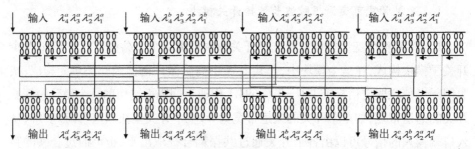

(a) 模块由4个1×4带宽可变谐振腔波长选择开关子模块构成和4个4×1带宽可变谐振腔波长选择开关子模块组成

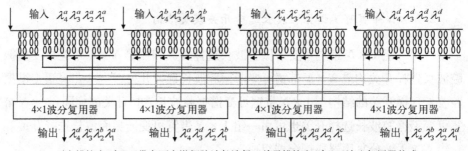

(b) 模块由4个1×4带宽可变谐振腔波长选择开关子模块和4个4×1波分复用器构成

图 6.14　4×4 带宽可变谐振腔波长选择开关模块和信号路线走向图

分析图 6.14 中两种模块结构的输出响应,可以比较这两种模块结构的优缺点。全部由微环谐振腔波长选择开关子模块组成的 WSS－WSS 的输出响应曲线在相同的带宽情况下,一般可获得边界较为陡峭的通带,这是因为在两级由微环谐振腔开关组成的波长选择开关模块(即 WSS－WSS 开关模块)中,从上一级输出的光谱进入下一级微环谐振腔开关组成的波长选择开关模块中得到进一步的滤波和平滑。但是在由微环谐振腔和光耦合器或波分复用器组成的波长选择开关模块(即 WSS-Coupler/WSS-WDM)时,从上一级输出的信号没有作进一步的处理,直接耦合输出。陡峭的通道输出信号将降低相邻通道间的串扰,但是插入损耗增加。在相同输出通道带宽的情况下,由微环谐振腔组成的波长选择开关的输出功率低于由微环谐振腔和光耦合器构成的多端口耦合输出波长选择开关的功率,WSS-WSS 模块中的插入损耗较高,但通道间的串扰小。而 WSS-Coupler/WSS-WDM 结构的插入损耗虽小,但串扰较大。

总之,对 WSS-WSS 和 WSS-Coupler/WSS-WDM 两种结构的多端口微环谐振腔波长选择开关而言,通过调节微环谐振腔波导折射率,可以打开或断开多端口微环谐振腔波长选择开关中的部分单元开关,实现信道带宽的变化。当构成多端口波长选择开关的单个微环谐振腔开关的带宽增加时,多端口微环谐振腔波长选择开关的最大插入损耗和相邻信道之间的串扰减小。WSS-WSS 微环谐振腔结构因上一级信号在下一级进一步过滤,输出信道通带形状较为陡峭,相邻通道串扰低,但插入损耗相对较高;WSS-Coupler/WSS-WDM 结构的制作成本低,插入损耗小,但输出信道通带形状较差,信道间的串扰相对较大。尽管如此,它们的插入损耗和信道间串扰在集成光网和光互连甚至光网络中是可以接受的。

通信网络中有液晶空间光调制器(liquid crystal spatial light modulator,LCSLM)构成的波长选择开关,这种器件的空间体积较大,如单个硅基液晶空间光调制器长 200 mm、宽 150 mm、厚 30 mm,单个硅基液晶空间光调制器的插入损耗为 6 dB,构成的波长选择开关需要两个这种调制器,插入损耗高达 12 dB,体积也有所增加。微环谐振腔 WSS-WSS 和 WSS-Coupler 或 WSS-WDM 构成的多端口微环谐振腔波长选择开关具有明显优势,空间尺寸在几毫米量级,可大规模集成,功耗低,制造器件工艺相对简单,且成本低,而插入损耗与其相当。随着集成光子系统制造技术的发展,微环谐振腔开关的插入损耗将逐步降低。

阵列波导光栅(arrayed waveguide grating)是通信网络中的一种重要器件,这种器件具有很多优点,如插入损耗小、串扰低、结构紧凑、可集成、可获得多信道,但信道的带宽一般固定,对带宽变化的适应性方面较弱,特别是难以适应从几吉赫兹(GHz)到几太赫兹(THz)的带宽变化,微环谐振腔构成的多端口带宽可变谐振腔波长选择开关模块则灵活得多,有更大的优势,微环谐振腔构成的可变谐振腔波长选择开关模块有潜力替代光通信网络、光互连中的液晶空间光调制器和阵列波导光栅,而且更灵活、制造成本更低,有更多的优势。

6.7 小　结

本章给出了高阶微环谐振腔器件的物理模型和光传输耦合方程,介绍了在高阶微环谐振腔器件中获得超窄通带和宽平顶陡边通道带宽的方法,设计高阶微环谐振腔器件时,要注意微环数、微环间耦合系数对微环谐振腔器件的通道带宽、形状、损耗特性的影响。

串联多个高阶微环谐振腔器件模块可在这些器件中获得平顶陡峭边界的输出通道波带,级次越多,可获得的边界越陡峭,但插入损耗越高,设计时要综合考虑通道带宽和损耗组合。

微环谐振腔波导的折射率可通过电光效应、热光效应进行调节和控制,调节微环谐振腔波导的折射率可以实现多级高阶微环谐振腔器件的中心频率移动。

通道带宽可变的波长选择开关在片上光网络、集成光互连系统以及弹性光网络中有着重要应用,本章给出了由多个高阶微环谐振腔开关并联组成的波长选择开关和具有较宽通道带宽的微环谐振腔波长开关串联组成的带宽可变波长选择开关结构及其运行原理。

介绍了多端口微环谐振腔波长选择开关,列举了 WSS – WSS 和 WSS – Coupler/WSS – WDM 两种结构,对 $1 \times N$ 的微环谐振腔的波长选择开关的光传输特性进行了分析,介绍了 $N \times N$ 带宽可变微环谐振腔波长选择开关的结构和原理。

微环谐振腔器件的空间尺寸很小,可大规模集成,不仅功耗低,而且制造器件工艺相对简单,成本低。虽然目前它们的插入损耗较高,但随着研究工作的深入,它们的损耗会不断降低,而且它们的结构设计十分灵活,波长可变微环谐振腔选择开关和其他微环谐振腔器件有潜力替代光通信网络、光互连中的液晶空间光调制器和阵列波导光栅器件。

参 考 文 献

[1] Okamoto K, Okuno M, Himeno A, et al. 16-channel optical add/drop multiplexer consisting of arrayed-waveguide gratings and double gate switches. Electronics Letters, 1996, 32(16): 1471 – 1472.

[2] Herben C G P, Maat D H P, Leijtens X J M, et al. Polarization independent dilated WDM cross-connect on InP. IEEE Photonics Technology Letters, 1999, 11(12): 1599 – 1601.

[3] Ford J, Aksyuk V, Bishop D J, et al. Wavelength add-drop switching using tilting micromirrors.Journal of Lightwave and Technology, 1999, 17(5): 904 – 911.

[4] Baxter G, Frisken S, Abakoumov D, et al. Highly programmable wavelength selective switch based on liquid crystal on silicon switching elements. Optical Fiber Communication Conference and Optic Engineers Conference, Anaheim, 2006.

[5] Ishii Y, Hadama K, Yamaguchi J, et al. MEMS-based 1×43 wavelength-selective switch with flat passband. 35th European Conference on Optical Communication (ECOC), Vienna, 2009.

[6] Doerr C R, Buhl L L, Chen L, et al. Monolithic flexible-grid 1 × 2 wavelength-selective switch in silicon photonics. Journal of Lightwave Technology, 2012, 30(4): 473 – 478.

[7] Bogaerts W, Heyn P D, Vaerenbergh T V, et al. Silicon microring resonators. Laser & Photonics Reviews, 2012, 6(1): 47 – 73.

[8] Lee B G, Biberman A, Chan J, et al. High-performance modulators and switches for silicon photonic networks-on-chip. IEEE Journal of Selected Topics in Quantum Electronics, 2010, 16(1): 6 – 22.

[9] Yan H, Feng X, Zhang D, et al. Compact optical add-drop multiplexers with parent-sub ring resonators on soi substrates. IEEE Photonics Technology Letters, 2013, 25(15): 1462 – 1465.

[10] Little B E, Chu S T, Haus H A, et al. Microring resonator channel dropping filters. Journal of Lightwave Technology, 1997, 15(6): 998 – 1005.

[11] Xiao S, Khan M H, Shen H, et al. Silicon-on-insulator microring add-drop filters with free spectral ranges over 30 nm. Journal of Lightwave Technology, 2008, 26(2): 228 – 236.

[12] Luo X, Song J, Feng S, et al. Silicon high-order coupled-microring-based electro-optical switches for on-chip optical interconnects. IEEE Photonics Technology Letters, 2012, 24(10): 821 – 823.

[13] Goebuchi Y, Hisada M, Kato T, et al. Optical cross-connect circuit using hitless wavelength selective switch. Optics Express, 2008, 16(2): 535 – 548.

[14] Ong J R, Kumar R, Mookherjea S. Ultra-high-contrast and tunable and width filter using cascaded high-order silicon microring filters. IEEE Photonics Technology Letters, 2013, 25(16): 1543 – 1546.

[15] Poon J S, Scheuer J, Mookherjea S, et al. Matrix analysis of microring coupled-resonator optical waveguides. Optics Express, 2004, 12(1): 90 – 103.

[16] Xiao S, Khan M H, Shen H, et al. Compact silicon microring resonators with ultra-low propagation loss in the C band. Optics Express, 2007, 15(22): 14467 - 14475.

[17] Vlasov Y, McNab S. Losses in single-mode silicon-on-insulator strip waveguides and bends. Optics Express, 2004, 12(8): 1622 - 1631.

[18] Marcuse D. Bend loss of slab and fiber modes computed with diffraction theory. IEEE Journal of Quantum Electronics, 1993, 29(12): 2957 - 2961.

[19] Tao S H, Mao S C, Song J F, et al. Ultra-high order ring resonator system with sharp transmission peaks. Optics Express, 2010, 18(2): 393 - 400.

[20] Cooper M L, Mookherjea S. Modeling of multiband transmission in long silicon coupled-resonator optical waveguides. IEEE Photonics Technology Letters, 2011, 23(13): 872 - 874.

[21] Hu T, Wang W, Qiu C, et al. Thermally tunable filters based on third-order microring resonators for WDM applications. IEEE Photonics Technology Letters, 2012, 24(6): 524 - 526.

[22] Zhu X, Li Q, Chan J, et al. 4×44 Gb/s packet-level switching in a second-order microring switch. IEEE Photonics Technology Letters, 2012, 24(17): 1555 - 1557.

[23] Lira S R, Lipson M. Broadband hitless silicon electro-optic switch for on-chip optical networks. Optics Express, 2009, 17(25): 22 271 - 22 280.

[24] Rhee J K, Garcia F, Ellis A, et al. Variable passband optical add-drop multiplexer using wavelength selective switch. Proceedings of 27th European Conference on Optical Communcations, Amsterdam, 2001: 550 - 551.

[25] Kamei S, Ishii M, Kaneko A, et al. $N \times N$ cyclic frequency router with improved performance based on arrayed-waveguide grating. Journal of Lightwave and Technology, 2009, 27(18): 4097 - 4104.

[26] Strasser T A, Taylor J. ROADMS unlock the edge of the network. IEEE Communications Magazine, 2008, 46(7): 146 - 149.

[27] Christodoulopoulos K, Tomkos I, Varvarigos E A. Elastic bandwidth allocation in flexible ofdm-based optical networks. Journal of Lightwave and Technology, 2011, 29(9): 1354 - 1366.

[28] Jinno M, Takara H, Kozicki B, et al. Spectrum-efficient and scalable elastic optical path network: architecture, benefits, and enabling technologies. IEEE Communications Magazine, 2009, 47(11): 66 - 73.

[29] Jinno M, Kozicki B, Takara H, et al. Distance-adaptive spectrum resource allocation in spectrum-sliced elastic optical path network. IEEE Communications Magazine, 2010,

48(8): 138 - 145.

[30] Xia J, Bianco A, Bonetto E, et al. On the design of microring resonator devices for switching applications in flexible-grid networks. IEEE International Conference on Communications (ICC), Sydney, 2014: 3371 - 3376.

[31] Xiao M H, Khan S, Shen H, et al. Multiple-channel silicon micro-resonator based filters for WDM applications. Optics Express, 2007, 15(12): 7489 - 7498.

[32] Aguinaldo R, Shen Y, Mookherjea S. Large dispersion of silicon directional couplers obtained via wideband microring parametric characterization. IEEE Photonics Technology Letters, 2012, 24(10): 1242 - 1244.

[33] Optiwave Systems Inc.https://optiwave.com[2022 - 10 - 30].

第7章 硅基光探测器和收发机

光探测器在光互连、光通信、光传感系统中起着重要作用,常规光探测器是空间光照射到探测器的表面产生电信号,从而获得入射光的信息。随着光电子集成电路的发展,产生了波导型光探测器,光电子集成电路中光探测器多为半导体材料,当光经波导导入探测器,探测器中的光吸收层吸收光子产生电子-空穴对,在外加偏置电压的情况下,电子-空穴对的运动形成电流。将波导型光探测器集成到硅光子平台取得重要进展,本章将介绍几种典型的硅基波导型光探测器。这几种波导型光探测器包括 Ge-on-Si 雪崩光电二极管、Si/Ge/Si pin 光电二极管、硅基微环光探测器。随后介绍硅基集成光收发机。

7.1 光探测器的工作特性

1. 量子效率

光探测器的量子效率定义为单位时间内产生的电子-空穴的数量与入射光子数的比值,公式为

$$\eta = \frac{I_{\mathrm{p}}/e}{p_{\mathrm{o}}/(h\gamma)} \tag{7.1}$$

式中,η 是量子效率;e 为电子的电量;h 为普朗克常数;γ 为入射光波的频率;p_{o} 为入射光功率;I_{p} 为光生电流。

2. 响应度

光探测器的响应度定义为光生电流为 I_{p} 和入射到探测器上的光功率的比值,用 R 表示如下:

$$R = \frac{I_{\mathrm{p}}}{P_{\mathrm{o}}} \tag{7.2}$$

探测器的光生电流为 $I_{\mathrm{p}} = RP_{\mathrm{o}}$,$I_{\mathrm{p}} = I_{\mathrm{light}} - I_{\mathrm{dark}}$,$I_{\mathrm{light}}$、$I_{\mathrm{dark}}$ 分别为信号电流和暗电流,P_{o} 为接收的光功率,考虑倍增系数,可用下式计算:

$$R = G\eta e \frac{\lambda}{hc} \tag{7.3}$$

式中,λ 为光波长;c 为光速;G 为倍增系数,可通过实验测量。

3. 响应速度

光探测器的响应速度一般用响应时间表示。当光入射探测器时,光探测器的光电流上升,光生电流脉冲信号前沿从峰值的 10% 上升到峰值的 90% 所用的时间定义为上升时间。当输入光信号突然断开后,探测器输出信号下降,光生电流脉冲信号后沿从峰值的 90% 下降到 10% 所用的时间定义为下降时间(图 7.1)。上升时间与下降时间并不总是对称的。一般情况下,光探测器的上升时间被理解为光探测器的响应速度。

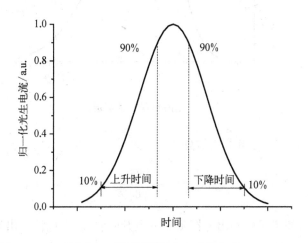

图 7.1 光探测器的响应时间定义

不同结构和不同材料的光探测器的响应时间不同,它们受多种因素影响,包括:① 耗尽层附近的光生载流子扩散产生的时间延迟。当光照射在光探测器表面或进入波导型探测器时,在 pn 结产生电子-空穴对。它们中的一部分被复合掉,另一部分因热运动扩散到耗尽层,在耗尽层慢慢被吸收。电子、空穴扩散运动使光探测器输出电脉冲尾部拉长,影响响应速度。② 耗尽层附近的光生载流子扩散产生的漂移运动时间。当光照射在光探测器表面或进入波导型探测器时,产生的电子-空穴对因电场而作漂移运动,漂移运动速度与电场强度相关,漂移时间影响到光探测器的响应时间。③ 产生光生电流的电路的响应时间。光探测器负载电阻电路时间常数($\tau_{RC} = RC$)不同直接影响到探测响应时间。

4. 带宽

光探测器的工作波长或频率范围称为它的带宽,可用对应频率响应曲线中半高宽(即电流为最大值的 50%)时两频率间隔描述(图 7.2),可通过实际测量获得。

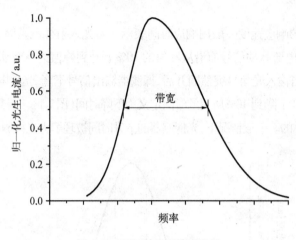

图 7.2　光探测器的带宽定义

光探测器的带宽可由下式估算:

$$\Delta f = \frac{0.35}{上升时间} \tag{7.4}$$

此式表明,如果可以测出光探测器的上升时间,就可以估算出光电探测器的带宽;或者如果测得探测器的带宽,就可以估算出探测器的上升时间。

理论上,光探测器的带宽由下式定义:

$$\Delta f = \left[2\pi (\tau_{RC} + \tau_{tr}) \right]^{-1} \tag{7.5}$$

式中,τ_{tr} 为光生载流子(电子-空穴对)扩散和漂移穿越耗尽层所用的时间。如果能获得光探测器的带宽,就可以利用此式从理论上计算出负载电阻电路的时间常数与光生载流子(电子-空穴对)的扩散与漂移时间总和。

5. 线性响应度

光探测器的输出电流随入射光功率或光强的变化而变化,一般情况下,人们希望光探测器的输出电流与入射光功率或光强成线性关系。当光探测器的输出电流随入射光功率或光强成线性变化时,电流的变化量 Δi 与光功率变化值 Δp 的比值称为光探测器的响应度。如果输出电流和输入光功率之间不是线性关系,输出信号发生畸变,在光网络系统的接收端会产生误码。通常情况下,光探测器应工作在线性响应范围。

6. 暗电流

一个理想的探测器在无光照和光导入的情况下不产生电流,无信号输出,但实际使用的光探测器在没有光入射和导入的情况下会产生电流,它被定义为暗电流。暗电流产生噪声,暗电流的产生和大小与探测器自身材料相关。一般锗材料光探测器的暗电流比硅材料光探测器的暗电流小得多,实际过程中优先选择暗电流较小的光探测器。

7. 噪声特性

波导型光探测器产生噪声的机理与常规光电二极管中的噪声机理基本相同,噪声可分为散粒噪声、热噪声和背景噪声。

散粒噪声:光探测器受光作用,产生载流子即电子和空穴对,电子和空穴重新复合,载流子产生和复合是随机的、非均匀过程,导致光生电流波动,产生噪声;另外,暗电流会使探测器信号随机起伏,形成噪声。它们统称为散粒噪声。

热噪声:光探测器的体电阻或负载内部载流子的随机热运动产生热噪声。

背景噪声:受环境影响,入射光里会有一些背景光进入探测器,产生电信号,这部分称为背景噪声。

7.2 波导耦合 Ge－on－Si 雪崩光电二极管

波导耦合光探测器简称波导型光探测器,与常规光探测器区别在于入射光经光波导而非空间照射引入探测器,产生电信号。探测器可依据波导耦合方式分为端对端耦合型和倏逝波耦合型探测器。在端对端耦合型光探测器中,如图 7.3(a) 所示,光从探测器的侧面经波导对接探测器中的光波导,探测器中光波导也是光吸收层,光被吸收后在波导中产生电子-空穴对,经电极作用形成光生电流。在倏逝波耦合型探测器中[图 7.3(b)],光吸收层位于光波导的上方或下方,光从波导入射,波导中光以倏逝波的形式耦合进吸收层,在吸收层中产生电子-空穴对。

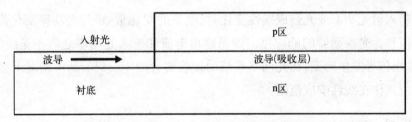

(a) 端对端耦合型光探测器结构示意图

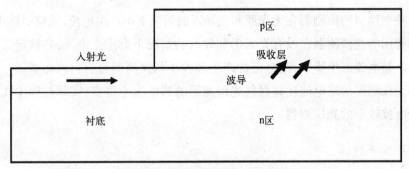

(b) 倏逝波耦合型光探测器结构示意图

图 7.3　光探测器典型的波导两种耦合结构示意图

图 7.4 是一波导型 Ge-on-Si 雪崩光电二极管的横截面结构示意图[1]，在此探测器中，Ge 吸收来自波导的光，产生电子-空穴对，它的下方为注入 BF_2 形成的空穴为多数载流子的 p 型硅，上方为在 Ge 表面注入 BF_2 后 p^+ 型接触层，对称两侧下方的区域为电荷倍增区，材料为本征硅，最外侧为 n^+ 硅。此探测器运行波长在 1510~1550 nm。在 p 区域 Ge 层下方构成 Si 波导结构，外界光从侧面传入波导并经过倏逝波耦合方式将光引入探测器中。

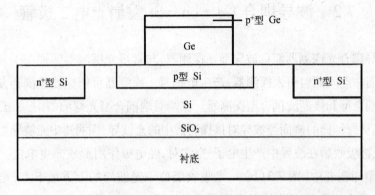

图 7.4　波导耦合 Ge-on-Si 雪崩光电二极管结构示意图

7.3 Si/Ge/Si p‑i‑n 光电二极管

文献[2]报道了 Si/Ge/Si p‑i‑n 光电二极管结构,二极管有两个横向的 Si/Ge 异质结,p 区和 n 区分别位于锗波导两侧,锗为本征材料,在 p 和 n 区为重掺杂,且位于硅光波导的末端,与波导端部对接,即输入探测器的光是通过端对端耦合进入的。在重掺杂的 p^{++} 型和 n^{++} 型掺杂硅的掺杂浓度达 $1×10^{19}$ at/cm^3。这种二极管衬底材料为厚的二氧化硅,用金属钨(W)连接 AlCu 电极和 p 型、n 型硅。

在这种结构中,锗区域的折射率比两侧的硅区域的折射率高,从波导传入的光被约束在锗区域,不会散射到硅的掺杂区。这种结构有几个优势:① 可避免杂散光产生载流子,因为这些载流子进一步吸收光,增加传输损耗;② 光电二极管几何结构布置灵活;③ 光电响应速度快;④ 可减少设备制造步骤,简化制造工艺;⑤ 这种结构的探测器的暗电流低。

7.4 硅基微环谐振腔光探测器

利用回音壁模光学微腔和线性波导耦合,可以做成微环谐振腔结构的光探测器。文献[3]报道了这种结构的光探测器,微环底部硅层分三个区域,微环内重度掺杂,微环正下方轻度掺杂,微环外区域为本征硅,上方为 Ge 层,Ge 表面重度掺杂,整体构成 p‑i‑n 结构。光从直线波导引入,当经过微环时,耦合进入微环,在微环形成共振,引入 Ge 环,被 Ge 吸收产生光电流,实现探测。这种结构不仅紧凑、占用面积和体积小、暗电流低,而且对入射光具有良好的选择性,探测波长从 1580 nm 到 1630 nm,可用于集成光网络系统。

7.5 硅基集成光收发机

光收发机由光发送机和光接收机组成,光发送机的功能是通过调制方式把数字基带电信号转换为光信号,将光信号注入光传输和交换系统。光接收机则进行发送机的逆过程,它把接收的光信号转换为电信号,光接收机接收的光信号因传输损耗被衰减,波形也发生了变化,需要放大和处理,恢复原发射的电信号。光发送机和光接收机是光通信系统的核心元件,光发送机的核心器件是激光器,而光接收机的核心器件是光探测器。硅基集成光收发机利用成熟的 CMOS 制造技术可有效降低它们的制造成本和运行费用,这里对它们进行介绍。

7.5.1　硅基微环谐振腔光收发机

图 7.5 是一典型硅基微环谐振腔光收发机结构示意图,它由光发送机、光波导、光栅耦合器、光接收机组成,其中核心器件是微环谐振腔调制器和具有波长选择功能的微环谐振腔解复用器,文献[4]与文献[5]报道了这种结构。

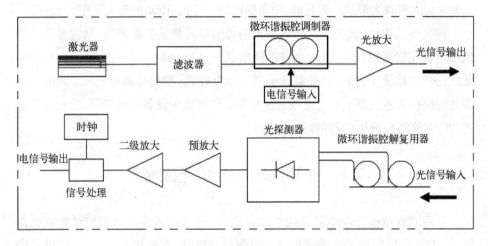

图 7.5　一硅基微环谐振腔光收发机结构示意

光发送机由数字模块、模拟信号模块和微环谐振腔调制器组成。模拟信号模块驱动微环谐振腔调制器,微环谐振腔输出光信号由其中的功率监测二极管反馈和调节。

光接收机则由微环谐振腔解复用器选择特定波长的光,将它们耦合导入光探测器转化为电信号,经前置放大器预放大、主放大器放大(即二级放大)后抽样将信号转化为初始的电信号。

7.5.2　硅基混合集成光收发机

文献[6]报道一硅基混合集成光收发机结构,由 4 个带有激光器阵列的光发射机、Mach-Zehnder 调制器以及 4 个接收机组成,它们中的主器件是Ⅲ-Ⅴ混合激光器和光探测器,主要是 Ge 探测器。

文献[7]报道的光发射机和收发机具有良好的性能,发送机的误码率在数据传输 25 Gb/s 时为 10^{-15},在数据传输 30 Gb/s 时为 10^{-11},能量效率为 6 pJ/bit。接收机的灵敏度达-2 dBm,在 36 Gb/s 时,误码率为 10^{-12}。

7.6 小　　结

本章重点介绍了可用于集成光子系统波导型硅基光电探测器,介绍了它们的工作特性参数和定义,包括量子效率、响应度、响应速度、带宽和噪声,列举了 Ge－on－Si 雪崩光电二极管、Si/Ge/Si p－i－n 光电二极管、硅基锗微环谐振腔几种新型光探测器,简要地介绍了它们的结构和工作原理。这些探测器不仅体积小、可集成,而且性能好、制造工艺大大改善。结合探测器的应用,列举了硅基微环谐振腔和硅基混合集成收发机,并简单地介绍了它们的性能。

参 考 文 献

[1] Martine N J, Derose C T, Brock R W, et al. High performance waveguide coupled Ge－on－Si linear mode avalanche photodiodes. Optics Express, 2016, 24: 19072－19081.

[2] Virot L, Benedikovic D, Szelag B, et al. Integrated waveguide pin photodiodes exploiting lateral Si/Ge/Si heterojunction. Optics Express, 2017, 25: 19487－19496.

[3] Su Z, Hosseini E S, Timurdogan E, et al. Whispering gallery germanium-on-silicon photodetector. Optics Letters, 2017, 42: 2878－2881.

[4] Moscoso-Martia A, Tabatabaei-Mashayekh A, Muller J, et al. 8-channel WDM silicon photonics transceiver with SOA and semiconductor mode-locked laser. Optics Express, 2018, 26: 25446－25459.

[5] Atabaki A H, Moazeni S, Pavanello F, et al. Integrating photonics with silicon nanoelectronics for the next generation of systems on a chip. Nature, 2018, 556: 349－358.

[6] Orcutt J S, Gill D M, Proesel J, et al. Monolithic silicon photonics at 25 Gb/s. Optical Fiber Communications Conference & Exhibition, Anahein, 2016.

[7] Joo J, Jang K S, Kim S H, et al. Silicon photonic receiver and transmitter operating up to 36 Gb/s for λ~1550 nm. Optics Express, 2015, 23(9): 12232－12243.

第8章 片上光网络

随着电路集成度和工作频率的提高,芯片上互连线的寄生电容、延迟时间、信号串扰等问题变得十分突出,对芯片性能的要求迅速提高,不仅要求芯片上器件和系统运行稳定、可靠,而且要求高速传输。对芯片消耗的功率,则要求单位比特传输量的功耗下降,但芯片性能提高和功耗下降是互相矛盾的。当集成电路工作频率提升至吉赫兹(GHz)以上,常规互连网络无法实现准确、高效信号传输。片上光网络将激光器、光调制器、光交换器、光探测器集成在很小的空间范围,一方面缩短了发射端到接收端的距离,信号传输损耗降低,接收时间延迟减少;另一方面体积缩小,大幅度降低整体的功率消耗,信息吞吐量也大幅度增加。大规模光子集成已经应用到数据中心、超级计算机和其他通信领域。本章列举片上集成光网络的几种基本结构,介绍其原理,并对其设计作简要描述。

8.1 片上光网络

片上光网络结构可按图8.1所示分成三层:光网络层;信息处理层;电子层。光网络层的主要功能是通过光波运载各种信息,进行信息传输,光网络层则是光传输连接各种处理器的部分,典型光网络由光发送机、光波导、光开关、光路由器、光探测器等光学器件组成。信息处理层的作用和功能主要是产生相关电信号、电信号转换成光信号、光信号发送和接收、光信号转换成电信号、信息提取

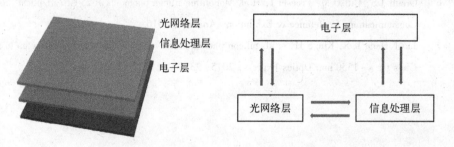

光网络层
信息处理层
电子层

电子层

光网络层　信息处理层

图8.1　片上光网络分层示意结构

等。光网络层依赖电子层进行控制,一方面将电子信号转换成光信号,或将光信号转换为电子信号。另一方面光网络缺乏光存储和缓冲能力,光信号的发送和接收时序、确认依赖电子层进行控制,即电子层的功能主要是网络控制。

片上光网络实际是由大量节点到节点的不同链接组成,每个链接包括以下三部分:信号产生和发送、路由和传输、信号接收和提取,如图 8.2 所示[1]。目前,信号产生和发送、信号接收和提取在大部分光网络系统中依旧需要进行电-光和光-电转换,全光信号产生和提取还有较长路要走。图 8.2 所示链接中,在信号产生和发送端,电信号数据被编码、排序,经调制器将电信号加载给光源,或对光源出射的光进行调制,耦合进入光波导。路由器为发送节点和接收节点指定特定的光传输通道,它是片上网络的骨干器件。路由器可以是发送机和接收机间光传输的公共波导或波导网络,也可是其他光学器件如阵列光波导、光波分复用器构成的路由器。路由器有单写-单读、多写-单读、单写-多读和多写-多读四种类型端口。在接收端,光载波信号被光探测器接收转化为电信号,电信号经放大后对信号处理和解码,提取信息和数据。

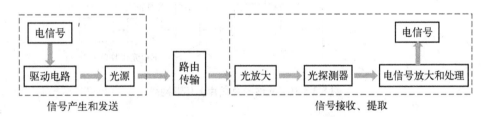

图 8.2　片上光网络的每个链接的三部分组成示意图:信号
产生和发送、路由和传输、信号接收和提取

8.1.1　基于光波导总线的片上光网络

下面重点介绍片上光网络的几种典型结构。图 8.3 是一片上环形光网络的结构示意图,它由一条共用光波导连接多个站点,构成环形网络。每个站点的光发机由多个激光器、光调制器、波分复用器组成,波分复用器连接光波导总线,将信号经光载波传入网络中;每个站点的收发机由解波分复用器、光探测器、信号提取单元组成,光波导总线信号进入解波分复用器,后被光探测器转换为电信号,电信号进入提取单元,经放大和信号处理提取相关信息。该网络具有对外接口,通过光波导与外部耦合连接。

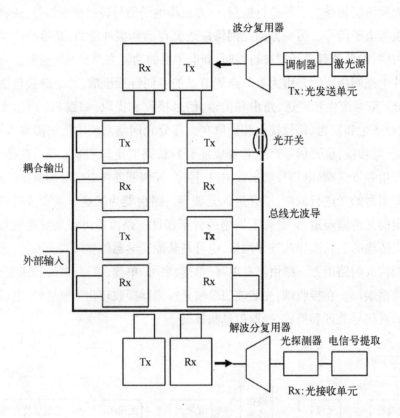

图 8.3 基于光波导总线片上环形网络

其工作过程如下,每个站点通常情况下处于独立运行状态,当站点与外部相连的光开关处于 OFF 状态,它的发送机只发送到本站点内的接收机。当两个站点的光开关处于 ON 状态时,从其中一个站点的发送机发出的加载有信号的光经路由器发送到另一个站点的接收机,或经外部接口发送到其他网络。当多个节点开关打开,由一个站点的发送器发送信号到其他站点的接收机,构成 $1 \times N$ 广播网,形成可重构光网络。这种网络结构为片上光网络提供灵活设计。

图 8.4 给出了多写-多读 64 芯片上光网络结构,由 64 个发送站点和 64 个接收站点组成,每个站点有一个处理器,网络中总线光波导用于各站点之间光传输,而电子层控制各站点之间的传输,文献[2]报道了这种结构。此结构也可构成单写-多读网络[3,4],网络中只有一个发送站点和多个接收站点,多个波长光载波经总线传输给不同站点,每个接收节点选择接收各自的波长光载波,发送数据只有对应波长信道站点才被接收和处理,其他接收站点关闭。

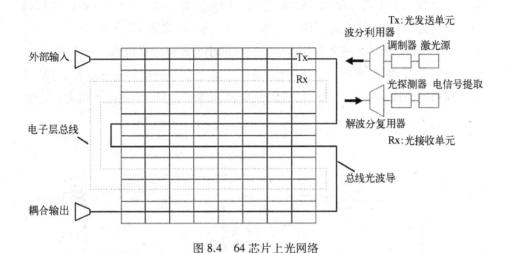

图 8.4   64 芯片上光网络

8.1.2   基于微环谐振腔器件的集成光网络

光网中的基本单元可以是不同的可集成的光子元器件结构,图 8.5 是由微环谐振腔器件作为主要元件的软件定义片上光网络基本单元的原理图,软件定义网络(software defined network,SDN)的设计理念是将网络的控制平面与数据转发平面分离,通过控制软件和可编程化底层硬件,按需对网络资源进行灵活调配。在 SDN 网络中,网络设备只负责单纯的数据转发,原来负责控制的操作系统被提炼为独立的网络操作系统,负责对不同业务特性进行分配,网络操作系统和业务特性以及硬件设备之间的通信都通过编程实现。软件定义控制平面作为

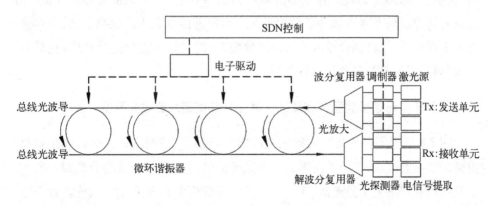

图 8.5 · 基于软件定义片上光网络原理图

电信号层和光子开关的管理上层,服务器之间双向链接,载波波长可通过波长调谐方式进行调节,以适应光交换。文献[5]与文献[6]报道了这种网络。

图 8.6 是以图 8.5 网络为基本单元构成的小型超级计算机网络示意图,它由 32 个服务器组成,每 8 个服务器一组,每组内部有电子链接和光学链接,而组与组之间通过由微环谐振腔元件构成的光交换器进行连接,各站点之间通过光波导进行连接。

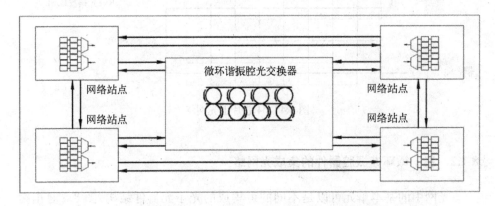

图 8.6   基于软件定义片上光网络原理图[5]

集成光网络可全部由微环谐振腔构成,如图 8.7 所示,它的发送机、接收机由微环谐振腔组成,路由器则由微环谐振腔开关组成。每个微环发送机有 M 个不同波长微环激光器,被调制的信号光进入公共的光波导,并进入 $N \times N$ 微环谐振腔光交换器进行光交换,该光交换器可以是第 6 章中的微环谐振腔光开关结构,文献[7]报道了另外一种全部由微环谐振器 N 行、N 列纵横交错光开关,也可放入其中。从 $N \times N$ 微环谐振腔光开关出口的信号进入接收机,经波导耦合进入不同的微环,再耦合进入集成的波导型光探测器,并进行信号处理(包括放大、解调),发送数据包通过时钟控制。

8.1.3   基于微环谐振腔器件和阵列波导光栅路由器的集成光网络

图 8.8 给出了一种典型的集成光网络拓扑结构,该网络的发送机和接收机由微环谐振腔组成,路由器由阵列波导光栅组成,它们与硅衬底混合集成。每一个发送机有 $N-1$ 个激光器、$N-1$ 个微环谐振腔开关,载有信号的光波耦合至公共波导上,每个激光器的波长不同,对应不同信道;公共波导上的光波传输给

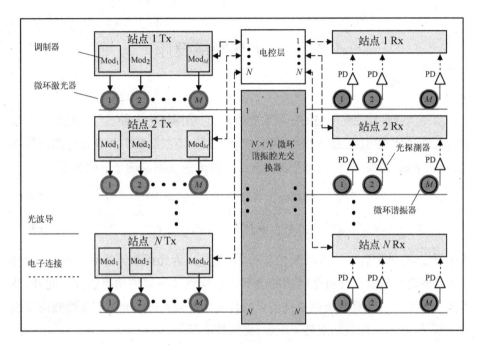

图 8.7　硅基微环谐振腔集成光网络

$N \times N$ 阵列波导光栅光交换器;载有信号的光从路由器的出口进入不同接收机,每个接收机里有波分复用器,波分复用器输出的载波被送入各个光探测器,经电子信号放大器放大后送入处理器提取原来的电信号,如以图 8.8 为单元,结合CPU、TPU、GPU、ASIC、NVmem 模块可构成由电子层控制、光网络,作为物理层的大规模片上网络[8,9]。

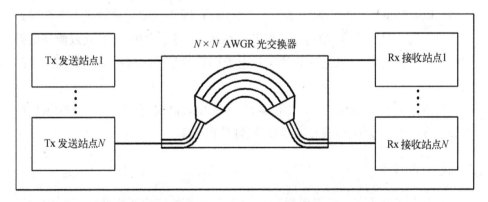

图 8.8　硅基微环谐振腔和阵列波导光栅光交换器集成光
网络,发送和接收站点由硅基微环谐振腔器件构成

8.2 片上光网络设计

1. 注入功率

功率消耗是片上光网络的一项重要指标,它是网络中各种器件消耗功率的总和,光波导的传输损耗、插入损耗、耦合损耗对其有直接影响。为保证探测信号准确,误码率低,系统设计时,每个链接注入的激光总功率应满足下列关系[4]:

$$P_{laser}^{dBm} - 10\log_{10}(N_\lambda) - P_{sensitivity}^{dBm} \geqslant PP^{dB} \tag{8.1}$$

$$P_{in}^{dBm} - PP_{tot}^{dB} \geqslant P_d^{dBm} + 10\log_{10}(N_\lambda) \tag{8.2}$$

式中,P_{laser}是每个链接注入的激光总功率;$P_{sensitivity}$为光探测器的灵敏度;N_λ为每个链接的通道数;PP是每个链接的全部传输损耗和各器件功率消耗。此外,注入激光功率P_{laser}应使得链路中任何点的传输功率或光强不超过非线性效应发生的阈值,这些非线性包括双光子吸收、克尔效应等。

2. 信号串扰

信号串扰是片上光网络的另一重要指标[4,10]。虽然单个光学元件的信号串扰较低,但是光网络由数以百计甚至数以万计的大量元器件组成,累计起来会导致严重信号干扰和强的噪声,使信号严重失真、误码率加剧,可靠性大大降低。密分波分复用光网络因信号通道间隔较小,相邻信号通道之间和较远信号通道之间的串扰更易发生,串扰累积可能使接收端的信噪比大幅度下降,误码率急剧增加。以微环谐振腔器件为主体的片上光网络,因环境变化和散热不良会导致网络中的器件温度升高,使得谐振腔几何结构、折射率发生变化,导致微环谐振腔的共振波长发生变化,造成串扰。片上光网络的信号串扰必须控制在许可的范围内。

因信号串扰造成的信号失真和误码,可使用较高发射激光功率或附加控制字节的方式予以减轻,以便提高信噪比、降低误码率。

3. 信号迟滞

片上光网络从一个节点发送到另一个节点并被接收所需要的时间称为迟滞。片上光网络的信号迟滞大约在飞秒到皮秒量级[10],传统的集成电子芯片网络多在纳秒量级(甚至更长)。

4. 热负荷和加工制造误差

设计片上光网络系统应注意热负荷和加工制造误差造成的影响。文献
[11]在芯片上集成一系列温度传感器,对局部温度进行监测和控制,并在系统
中采用热负荷动态管理技术防止波长漂移,改善系统的可靠性。

如第三章所述,微环谐振腔的共振波长对集成芯片散热引起的温度变化非
常敏感,假定微环谐振腔的光波导的芯层材料是硅,包层是二氧化硅,那么微环
谐振腔的共振波长 λ_r 的变化[12]值 $\Delta\lambda_r$ 为

$$\frac{\Delta\lambda_r}{\Delta T} = \frac{\delta n_{eff}}{\delta T}\frac{\lambda_r}{n_g} = \left(\Gamma_{Si}\frac{\delta n_{Si}}{\delta T} + \Gamma_{SiO_2}\frac{\delta n_{SiO_2}}{\delta T}\right)\frac{\lambda_r}{n_g} \tag{8.3}$$

式中, Γ_{Si} 和 Γ_{SiO_2} 分别为 Si 芯层和包层 SiO_2 的约束因子; n_g 为波导的折射率。硅
材料折射率随温度变化远大于二氧化硅,可忽略二氧化硅的影响。整理式(8.3)
可得

$$\Delta\lambda_r = \Gamma_{Si}\frac{\delta n_{Si}}{\delta T}\frac{\lambda_r}{n_g}\Delta T \tag{8.4}$$

8.3 小　结

本章介绍了片上光网络的基本分层构成,列举了以光波导为传输总线的环形
光网、CLOS 光网,特别是介绍了以环形微腔波分复用器、路由器、阵列波导光栅路
由器为主体的片上光网络和两者混合组成的片上光网络。设计片上光网络时,每
个链接注入的激光功率应确保接收端探测器的接收功率高于其探测灵敏度,通道
间信号串扰应低于一定的值,以使系统的误码率低,不至于使信号失真。片上光
网络设计应考虑局部散热和整体热负荷管理,可增设局部温度监测传感器和调
控装置。片上光网络发展速度很快,每年将有大量的新发现、新结果出现。

参 考 文 献

[1]　Sharma K, Sehgal V K. Modern architecture for photonic networks-on-chip. The Journal of
　　　Supercomputing, 2020, 76: 9901 - 9921.

[2] Joshi A, Batten C, Kwon Y J, et al. Silicon-photonic Clos networks for global on-chip communication. Proc. 3rd ACM/IEEE International Symposium on Networks-on-Chip, 2009: 124 - 133.

[3] Zhang Z, Wu R, Wang Y, et al. Compact modeling for silicon photonic heterogeneously integrated circuits. Journal of Lightwave Technology, 2017, 35 (14): 2973 - 2980.

[4] Sunny F P, Mirza A, Thakkar I, et al. ARXON: A framework for approximate communication over photonic networks-on-chip. IEEE Transactions on Very Large Scale Integration (VLSI) Systems, 2021, 29(6): 1206 - 1219.

[5] Shen Y, Gazman A, Zhu Z, et al. Autonomous dynamic bandwidth steering with silicon photonic-based wavelength and spatial switching for datacom networks. Proc. Optical Fiber Communication Conference, 2018.

[6] Shen Y, Meng X, Cheng Q, et al. Silicon photonics for extreme scale systems. IEEE Journal of Lightwave Technology, 2019, 37 (2): 245 - 259.

[7] Bianco A, Cuda D, Gaudino R, et al. Scalability of optical interconnects based on microring resonators. IEEE Photonics Technology Letters, 2010, 22(15): 1081 - 1083.

[8] Pitris S, Moralis-Pegios M, Alexoudi T. A 40 Gb/s chip-to-chip interconnect for 8-socket direct connectivity using integrated photonics. IEEE Photonics Journal, 2018, 10 (5): 6601808.

[9] Alexoudi T, Terzenidis N, Pitris S, et al. Optics in computing: From photonic network-on-chip to chip-to-chip interconnects and disintegrated architectures. IEEE Journal of Lightwave Technology, 2019, 37 (2): 363 - 379.

[10] Xiao X, Proietti R, Liu G, et al. Silicon photonic Flex-LIONS for bandwidth-reconfigurable optical interconnects. IEEE Journal of Selected Topics in Quantum Electronics, 2020, 26 (2): 3700210.

[11] Chittamuru S V, Thakkar I G, Pasricha S. LIBRA: Thermal and process variation aware reliability management in photonic Networks-on-Chip. IEEE Transactions on Multi-Scale Computing Systems, 2018,4(4): 758 - 772.

[12] Padmaraju K, Bergman K. Resolving the thermal challenges for silicon microring resonator devices. Nanophotonics, 2014, 3(4 - 5): 269 - 281.

第 9 章　光　波　导

　　光波导是集成光子系统中最基本的元件,它们在集成光子系统中连接或构成各种光学元器件,一方面起到传输光的作用,另一方面作为有源器件的一部分对光的传输模式进行控制。

　　本章简要地介绍光子集成系统中常用的波导结构、波导的低阶模式、波导的制造以及它们的参数测试方法。

9.1　集成光波导结构

　　集成光子系统中常见的光波导为平面形波导和条形波导。平面形波导一般比较宽,波导的宽度比厚度大得多,图9.1(a)为一典型的平面形波导结构,中间为导波层,折射率为 n_2,上、下层为包层,折射率为 n_1、n_3, $n_2 > n_1$, $n_2 > n_3$,上、下包层的折射率可以相同,即上、下包层介质材料可相同,也可以是不同介质。

　　条形波导有矩形波导、脊形波导。矩形波导由折射率为 n_1 的光导波区域和环绕该区域折射率为 n_2 的包层介质构成,如图9.1(b)所示,$n_1 > n_2$。作为包层材料,没有必要要求矩形波导周围所有介质材料的折射率相同,比如波导的上表面是开放式的,直接与大气接触,表面的折射率为1,构成嵌入式波导。

　　脊形波导结构如图9.1(c)所示,这种结构中光传输的损耗通常比相同宽度和厚度尺寸的矩形波导的传输损耗小,还可以有效地抑制高阶模。

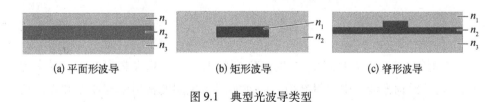

(a) 平面形波导　　　　　(b) 矩形波导　　　　　(c) 脊形波导

图9.1　典型光波导类型

9.2　光波导传输模式

　　光波是电磁波,光在波导中的传输满足麦克斯韦方程,求解麦克斯韦方程可以发现在某些结构的波导中电磁场分布只可获得离散的解,与解对应电磁场强度分布即为波导模式。光波传输模式决定了光传输损耗,直接影响到接收信号的强度。模式越高,传输损耗越大,一般情况下要求波导中光的传输处于基模,因为基模光传输损耗最低。

麦克斯韦方程很难直接获得分析解,但可通过数值模拟获得较为精确的近似解。目前有不少的软件可用于光传输的数值模拟,如光束传输法(beam propagation method, BPM),可对波导中光波的电磁场分布、能量传输进行数值分析。合理设计光波导的结构、优化波导结构尺寸可以获得较为满意的光传输模式。

9.2.1   平面形波导的低阶模和模式截止条件

1. 对称波导的模式截止条件

光子集成电路有时用到对称波导,对称波导中导波层的折射率为 n_2,上下层的折射率为 n_1 和 n_3,且 $n_1 = n_3$,横电模 TE 截止条件为[1]

$$\Delta n = n_2 - n_1 > \frac{m_s^2 \lambda_0^2}{4h^2(n_1 + n_2)}, \quad m_s = 0, 1, 2, 3, \cdots \tag{9.1}$$

式中,h 是波导芯层的厚度;λ_0 为光波长。依据式(9.1),设计光波导时,合理选择芯层与包层的折射率差 Δn 和导波层的厚度,可以实现基模或低阶模传输,其他模式不能通过。$m_s = 0$,对应 TE_0 模,即基横模。$m_s = 1$,对应 TE_1 模。

令 $m_s = 1$,$\Delta n = (n_2 - n_1) \leqslant \dfrac{m_s^2 \lambda_0^2}{4h^2(n_1 + n_2)}$,得

$$(n_2^2 - n_1^2) \leqslant \frac{\lambda_0^2}{4h^2} \tag{9.2}$$

当折射率差 Δn 满足式(9.2)时,TE_1 模截止,只有 TE_0 基模可在光波导中传输,这就是对称光波导中取得基模传输时芯层和包层的折射率与厚度和光波长需要满足的条件。

如果 $n_2 \approx n_1$,模式截止条件(9.1)变为

$$\Delta n = n_2 - n_1 > \frac{m_s^2 \lambda_0^2}{8h^2 n_2}, \quad m_s = 0, 1, 2, 3, \cdots \tag{9.3}$$

如果 $n_2 \gg n_1$，模式截止条件(9.1)变为

$$\Delta n = n_2 - n_1 > \frac{m_s^2 \lambda_0^2}{4h^2 n_2}, \quad m_s = 0, 1, 2, 3, \cdots \tag{9.4}$$

2. 非对称波导的模式截止条件

在非对称三层结构波导中，两包层的折射率不相等，$n_1 \ne n_3$。波导的下包层沉积或构建在衬底材料上，若波导的上包层是空气，此时 $n_2 > n_3 \gg n_1$，这种非对称波导的截止条件满足如下方程[1]：

$$\Delta n = n_2 - n_3 > \frac{m_a^2 \lambda_0^2}{16h^2(n_2 + n_3)} \tag{9.5}$$

$$m_a = 2m + 1, \quad m = 0, 1, 2, 3, \cdots$$

式中，m_a 是奇数。当 $n_2 > n_3 \gg n_1$ 时，实现基模传输的条件是

$$\frac{\lambda_0^2}{16h^2} < n_2^2 - n_3^2 \leqslant \frac{9\lambda_0^2}{16h^2} \tag{9.6}$$

当 $n_2 \approx n_3$，方程(9.5)变为

$$\Delta n = n_2 - n_3 > \frac{(2m+1)^2 \lambda_0^2}{32h^2 n_2}, \quad m = 0, 1, 2, 3, \cdots \tag{9.7}$$

式中，m 是整数。在 $n_2 > n_3 \gg n_1$，实现基模的条件为

$$\frac{\lambda_0^2}{32h^2 n_2} < n_2 - n_3 \leqslant \frac{9\lambda_0^2}{32h^2 n_2} \tag{9.8}$$

模式截止方程(9.1)和(9.5)可用于估计特定波导支持的模式。一般情况下，需要通过数值方法求解麦克斯韦方程，判断模式的多少。

3. 典型的低阶模

平面波导是分析条形波导中光波传播的基础，平面波导中的几个低阶模分布如图 9.2 所示，电场和磁场振动方向与传播方向垂直，沿 z 轴方向传播，对应的横电模 TE_0、TE_1 模，偏振光的电场在图中 y 轴方向，$E_z = 0$，$E_x = 0$，$E_y \ne 0$。

横磁模(即 TM 模)与横电模类似,偏振光的磁场在图中 y 轴方向, $H_z = 0$, $H_x = 0$,偏振方向与横电场方向垂直。

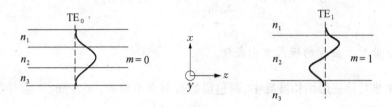

图 9.2　平面波导的几个低阶模

9.2.2　条形波导模式

因在条形波导中难以求得波动方程的精确解,一般利用数值方法求解波动方程,常用波传输方法和光线追踪技术对波导中的电磁场进行模拟,求得光场分布,分析其传输模式。

在波传输法中,有时域法和频域法。时域法包括有限差分时域法、分步时域法和有限元法等。频域法包括光束传播法和本征模展开法等。这些算法中,有限差分时域法是最通用且严格的方法,它适用于大量复杂光波导结构中的模计算,比如环形和圆盘形共振腔、光子晶体波导、表面等离子体波导、高对比折射率波导、负折射率材料结构、色散和非线性材料结构的模计算。有限差分时域法应用非常广泛,功能强大,特别适用于复杂的三维结构光传输模拟与分析,由此产生大量的模拟软件。

9.3　光波导制作技术

集成光波导主要是基于半导体制造工艺制作的,涉及薄膜生长或薄膜沉积、离子注入、扩散、光刻、电子束直写、蚀刻中的一种或多种工艺。

薄膜生长是在衬底上生长一薄层固体物质,如分子束外延。薄膜沉积有化学气相沉积、磁控溅射、溶液镀膜法。

扩散是原子、分子和离子由浓度高的地方向浓度低的地方进行的扩散运动,在波导制作中,通常是指在高温情况下杂质从高浓度到低浓度的扩散过程。

离子注入是离子通过高压电场加速轰击样品,把杂质引入样品中的一种工艺。

电子束直写是在涂有感光胶的膜层上直接制作或投影复制图形的一种微加工技术。这种工艺主要用于制作分辨率高的微小结构,特别是制作纳米结构。

激光直写是利用高峰值功率激光(特别是飞秒激光)直接作用于材料,改变材料的折射率制作波导的一种技术,或用激光剥蚀材料制作波导结构的一种工艺。

9.3.1 平面波导

这里简单地介绍三层结构平面硅波导的制作,波导的芯层为硅,SiO_2作为波导的上下包层。制作SiO_2包层有三种方法:一是在硅衬底上通过等离子体增强化学气相沉积(plasma enhanced chemical vapor deposition, PECVD)法在Si上直接生成SiO_2层;二是溅射SiO_2膜层;三是将硅片加热,进行热氧化产生SiO_2层。前两种方法可以准确控制膜层厚度。第三种热氧化产生SiO_2层的厚度较难控制到精确值。

制作Si芯层有两种工艺:一是在已经生成的SiO_2层上直接通过PECVD法沉积Si层。这种硅为非晶硅,硅层的均匀性不如单晶硅和多晶硅;另一种是将两个表面都沉积有SiO_2薄膜层的硅片通过键合的方式黏结在一起,再将硅表面打薄到要求的厚度,这被打薄的硅层经光刻工艺制作光波导,或湿刻工艺制作波导,另一硅层作为衬底。

9.3.2 条形光波导

条形光波导主要是基于半导体制造工艺中的光刻技术制作的,具体步骤与波导的材料和波导结构密切相关。在光通信波段,制作波导的材料主要有Ⅲ-Ⅴ族半导体、Si、Ge、$LiNbO_3$、SiO_2等。包层和波导层的生长和沉积与平面波导的工艺基本相同,但因波导形状是条形,需要采用光刻工艺进行制作,波导的包层和芯层单独进行光刻。除了光刻工艺制作光波导外,还有激光直写、电子束直写制作波导。典型的条形波导制作流程:第一步是下包层沉积和波导层的沉积或外延生长;第二步是光刻,包含光刻对准、曝光、显影和刻蚀,通过干刻或湿刻技术去掉波导结构外的材料形成芯层结构;第三步是上包层的沉积,最终形成波导。

1. 包层和波导层的生长和沉积

包层和波导层的制作与平面波导的制作过程类似,典型的,在硅衬底片上通过等离子体增强化学气相沉积法直接生成包层,或者是利用固态靶源通过磁控溅射沉积膜层。波导的芯层与上述平面波导的硅层的制作方法相同。

Si 波导在集成光子电路中用得较广泛,通常以 SiO_2 作为包层,制作 SiO_2 一般是在硅片上通过等离子体增强化学气相沉积法在 Si 上直接生成 SiO_2 层,也可以是将硅片进行热氧化产生的。前者 SiO_2 层的厚度可以精确控制,后者 SiO_2 层的厚度较难控制到精确值。波导的膜层制作与平面波导工艺相同,它们的结构需要光刻工艺予以定义。

2. 光刻

利用对光敏感的光刻胶和适度的曝光过程在膜层表面形成三维图案,或者将掩模版上的图形转移到另一个平面获得需要的三维图案的过程,称为光刻。光刻分负性光刻和正性光刻。负性光刻把与掩模版上图形相反的图形或互补图形复制到加工层。正性光刻是把与掩模版上图形相同的图形复制到基片的表面上。

负性光刻的基本特征是基片表面曝光后的掩模版透光区域的光刻胶因交联作用不溶于显影液并硬化,而掩模版不透光区域的光刻胶没有曝光,在显影液中被溶解,这种方法得到与掩模版上图案相反的图形。用于负性光刻的掩模版通常是石英制作的,不透光区域常镀铬膜。

正性光刻的基本特征是加工样品表面曝光后的掩模版透光区域的光刻胶因化学反应在显影液中被溶解,曝光的正性光刻胶区域在显影液中被除去,不透明的掩模版下的没有被曝光的光刻胶仍保留在样品的表面,保留下来的光刻胶在曝光前已经硬化,将在刻蚀过程中被除去。这种方法得到与掩模版上图案相同的图形。光刻的基本步骤如图 9.3 所示[2]。

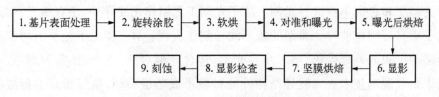

图 9.3　制作条形光波导的光刻流程图

1) 基片表面处理

光刻的第一步是基片表面清洗、脱水和表面底膜处理。表面清洗包括湿法清洗和去离子水冲洗,以去除沾污物;脱水是经过热处理去除湿气;底模处理是通过浸泡、喷雾或气相方法在样品表面涂一层薄膜,提高光刻胶对样品表面的黏附性,如果是硅基片,可用六甲基二硅胺烷(hexamethyldisilane,HMDS)作为底膜。

2) 旋转涂胶

基片表面涂胶通常是在样品表面滴上光刻胶,通过真空吸附固定样品,采用旋转的方法在样品表面获得一层均匀的光刻胶涂层。针对不同样品和不同图形厚度,采用不同的光刻胶和不同的光刻胶厚度,要求的旋转速度和旋转过程有所不同。例如,初始 500 r/min 的转速,接下来跃变到 3 000～7 000 r/min,依据光刻胶层的厚度控制不同时间和速度。

3) 软烘

样品涂胶后必须经过软烘,去除光刻胶中的溶剂,增加胶的黏附力,有助于在刻蚀过程中精确控制所取得图形的几何尺寸。典型的软烘是将涂胶过的基片放在温度为 90～100℃ 的热板上加热一定时间(如 30 s),然后在冷板上冷却降温。

4) 对准和曝光

掩模版上有部分图形是用于定位的,基片表面通常也有相应的匹配图形,特别是经过多道工艺制作的结构表面一般都有曝光和刻蚀后形成的套准图案。涂胶过的基片被装载到一个可操作控制移动和旋转的平台上,通过调节可以对准掩模版与基片上的图形。一旦二者对准,即可曝光。曝光可分为接触式曝光、接近式曝光、投影式曝光、分步重复曝光、步进扫描曝光。

5) 曝光后烘焙

对曝光后的样品进行烘焙的目的是促进光刻胶的化学反应,这是光刻过程中的重要一步。典型的烘焙温度为 100～110℃,时间约为 1～2 min。不过加热的温度和时间需要依据光刻胶的类型来确定,通常比软烘的温度高出 10~15℃。

6）显影

显影过程是由显影液溶解曝光后可溶解的光刻胶区域,把掩模版图形复制到光刻胶中。可通过喷头在旋转的样品表面喷洒显影液进行显影,也可将曝光后样品浸润在显影液中进行显影。显影后用去离子水冲洗并甩干。

7）坚膜烘焙

显影后对样品进行热烘,去掉存留的光刻胶溶剂,也去掉剩余的显影液和水分,增加光刻胶对基片表面的黏附性,这个过程称为坚膜烘焙。

8）显影检查

显影检查是查找光刻胶中成形图案的缺陷,检查出有问题的样品。如果问题严重,显影后的样品直接报废;如果可以修复,则将光刻胶去除,重新进行涂胶和光刻过程。

9）刻蚀

合格的样品将进入刻蚀过程。如果需要离子注入改性的,则进入离子注入过程。

3. 刻蚀

刻蚀是利用化学或物理方法(或结合物理和化学方法)选择性地从曝光后的基片和样品中去除不需要的区域,正确复制掩模版中的图形。刻蚀分干法刻蚀和湿法刻蚀。

干法刻蚀主要是指通过辉光放电在刻蚀气体中产生等离子体,结合物理轰击和化学反应去除样品中需要去掉部分的过程。离子体由正负离子、电子、激发的原子或分子组成。典型的干法刻蚀是反应离子刻蚀,它是采用化学反应和物理离子轰击样品表面达到去除材料的过程。干法刻蚀可产生较光滑的波导和器件边缘,是制作亚微米尺寸结构刻蚀工艺的主要方法。

湿法刻蚀一般用于尺寸较大结构的制作过程,典型尺寸大于 3 μm。目前,实际过程中大多数湿法刻蚀被干法刻蚀替代,但是湿法刻蚀在去除氧化硅、残留物方面仍然起着重要作用。

刻蚀过程参数：刻蚀速率、剖面各向同性和异性、刻蚀偏差、选择比、均匀性、残留物、器件损伤、颗粒沾污、表面粗糙度等。

刻蚀气体：传统刻蚀多晶硅的化学气体有氟基气体，主要有 CF_4、CF_4/O_2、SF_4、C_2F_6/O_2 和 NF_3，但刻蚀是各向同性的。用氯气、溴气或氯气和溴气的混合气体以及溴基气体(Br_2、HBr)刻蚀多晶硅可以实现各向异性刻蚀。各向异性刻蚀是指在深度方向和横向刻蚀速度有较大差异，通常以深度方向为主，横向刻蚀相对较少。用这些气体刻蚀多晶硅的生成物为挥发性气体，如 SiF_4、$SiCl_4$、$SiBr_4$，刻蚀后可以从刻蚀设备腔体中抽走。

单晶硅刻蚀时常用的气体是氯基或溴基气体，这些气体的刻蚀速率高，当与 SiO_2 层一起刻蚀时具有高选择比。

SiO_2 等离子刻蚀常用氟碳化合物气体(如 CF_4、C_3F_8)进行刻蚀。SiO_2 也可用氢氟酸湿法腐蚀，常用被氢化铵缓冲的稀氢氟酸喷射或浸泡来选择性地去除氧化硅。氢化铵缓冲的稀氢氟酸被称为缓冲氧化硅腐蚀液 BOE 或 BHF。氢化铵缓冲氢氟酸使得 SiO_2 的腐蚀速度减慢，稳定腐蚀过程。此外氧化硅的腐蚀速度与氧化硅的制作工艺有关，通常 CVD 沉积和溅射制作的氧化硅的腐蚀速度比热氧化制作的氧化硅的腐蚀速度慢。

光刻胶在大部分湿法去胶液中不溶解，主要通过氧原子与光刻胶在等离子体环境中发生化学反应来去除光刻胶，氧原子则通过微波或射频作用分解氧分子产生，常常加入 N_2 或 H_2 提高去胶性能。

9.4　光波导测试

集成光波导的一个重要参数是它的传输损耗，波导的传输损耗用下式计算：

$$\alpha = \frac{\ln(P_1/P_2)}{L} \tag{9.9}$$

式中，P_1 和 P_2 是输入输出波导的功率；L 为波导的长度。

一旦波导加工完成，应对它进行检测。测试方法包括棱镜测试法、截断法、Fabry-Perot 共振、散射光收集法。

棱镜测试法是在波导的上表面放两个棱镜，一个作为耦合输入，另一个作为输出。入射光经棱镜耦合进入波导,经过一定长度的波导,经输出棱镜耦合。移动输出棱镜的位置,改变光在波导中的传输距离,测量输入输出光的功率,通过多次测量、作图或分析数据,可以测出波导的传输损耗。

截断法是截取不同长度的波导,在相同条件下测量输入输出功率,从而测得波导的传输损耗。初始用一个较长的波导,随后通过解理或切割把样品截短,并抛光,通过一系列测量,获得样品的输出功率,作出输出功率随波导长度的变化曲线,通过拟合分析此变化曲线求得损耗系数。这种方法简单,但它是破坏性的。

共振法是利用 Fabry - Perot 谐振腔原理,也就是平行平面谐振腔的原理,抛光的波导端面构成 Fabry - Perot 共振腔,测试波导的透射,依据测得的透射和损耗关系求得波导的损耗。利用 Fabry - Perot 腔,测得端面的反射率和透过率后,利用光波在腔内传输和共振原理可求出腔的损耗[3]。

散射法测量是利用光在波导中传播时的散射进行测量的,由于散射光的方向与波导中的传播方向不同,并且散射强度与波导中的光强有一定的关系(通常成正比),测量波导的散射强度,作出散射强度与波导长度之间的关系,即可获得光波导的传输损耗。

文献[4]通过近红外 CCD 摄像机测量多孔硅材料脊形波导表面散射强度分布,找出散射强度与长度之间的关系,从而获得波导的光损耗。

9.5　小　　结

光子集成系统中常用的光波导结构有平面形波导和条形波导,典型的条形波导有矩形波导和脊形波导,合理设计波导结构,适当选择波导尺寸,可以在波导中实现低阶模传输,特别是基模传输。简单的波导结构可以利用模式截止条件对波导结构尺寸进行选择,复杂结构波导则通常需要依赖计算机利用数值迭代方法求解麦克斯韦方程,获得波导中光传输模式。集成光子系统中光波导传输损耗较高,基模传输可取得较低的传输损耗,有利于提高接收系统的信噪比,降低误码率。

目前,集成光波导的制作主要采用半导体制造工艺,通过薄膜生长或薄膜沉积,借助光刻技术予以制作,可实现批量生产。集成光波导多以硅作为芯层,二氧化硅作为包层,硅波导在通信窗口 1.55 μm 波长是透明的。现在已有大量新型光波导材料的报道,如氮化硅波导,集成光子技术蓬勃发展,波导制作新技术(如激光直写、电子束直写)有不少报道,但大规模批量生产还有较长的路要走。纳米结构的光波导有特定应用,在集成光子系统中将发挥重要作用。

　　传输损耗是光波导的特征参数之一,测试光波导的传输损耗有棱镜测试法、截断法、Fabry－Perot 共振、散射光收集法。光波导的传输模式是光波导的另一个特征参数,在光通信波段,可通过近红外摄像机对光波导光输出光进行拍摄和图像处理,获得传输模式和有效尺寸。

参 考 文 献

[1] Hunsperger R G. Integrated optics theory and technology. New York：Springer, 2009.

[2] Quirk M, Serda J. 半导体制造技术. 韩郑生, 等译. 北京：电子工业出版社, 2005.

[3] Fuchter T, Thirstrup C. High precision planar waveguide propagation loss measurement technique using a Fabry-Petrot cavity. IEEE Photonics Technology Letters, 1994, 6(10)：1244－1247.

[4] Xia J, Rossi A M, Murphy T E. Laser written nanoporous silicon ridge waveguide for highly sensitive optical sensors. Optics Letters, 2012, 37：256－258.

第10章 光刻掩模版设计简介

集成光子器件可利用光刻工艺制作,也可直接利用电子束或激光束直写(又称为高能束直写)。前者可一次性制作多个器件,特别适用于大规模集成器件的制作,后者多用于单个器件的制作。光刻是集成光子器件加工制作过程中很重要的一个环节,光刻用到专用的掩模版,即光刻掩模版。光刻掩模版是微纳加工中光刻过程所使用的图形母版,母版由图形层和基板构成,图形层为有图案的不透明遮光薄膜或透明薄膜。通常情况下,遮光薄膜材料为铬,基板多为高纯度、低反射率、低热膨胀系数的石英玻璃、苏打玻璃,也有用蓝宝石或透明树脂作为基板。

本章首先简要地介绍光刻掩模版的制作过程,接着介绍与掩模版设计密切相关的光刻机曝光方式,随后就掩模版和基片对准原理、掩模版对准标记设计进行详细介绍,并就光刻图形出现畸变问题,介绍了几种修正方法。

10.1 光刻掩模版的制作

光刻掩模版的制作方式有两种:一是直写光刻制作,如用激光直写光刻机、电子束光刻机制作;二是通过光刻工艺制得。光刻工艺制作掩模版的方法是在铬层表面镀上光刻胶,光刻胶曝光后在图形区域产生化学变化,经显影形成图形,光刻胶下面的金属铬层经刻蚀去掉曝光的部分,最后利用有机溶剂或水状的溶液去掉余下的光刻胶,形成最终的光刻掩模版。光刻胶分为正胶和负胶,正胶的特点:受光照射的感光成分因吸收光发生化学反应,本身化学结构发生变化,即发生光分解反应,可溶解于显影中,未感光的部分显影后仍然留在基片表面,产生的图案与掩模版上的图案相同。负胶的特点:曝光后未感光成分可溶于显影液中,而感光成分因吸收光使得聚合物分子发生交联,变得难溶于显影液,留在基片表面,产生的图案与掩模版上的图案相反或互补。

有两种类型掩模版,一种掩模版的图形花样允许光透过,如 10.1(a)图所示,其他区域光是不能透过的,因为这些区域镀有金属铬,这种掩模版称为暗场掩模版(dark field)。这种情况下,图形占掩模版的面积比较少,掩模版大面积不透光。另一种结构如图10.1(b)所示,图形花样区域光不透过,其他区域是光透过的,这种掩模版大面积透光称为明场掩模版(clear field)。

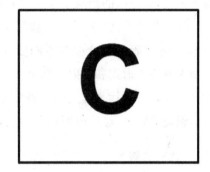

(a) 暗场掩模(图形区域是光透过的)　　　　(b) 明场掩模(图形区域光不可透过)

图 10.1　两种掩模版结构

光刻掩模版的作用是借助光刻胶在加工基片上产生图形结构或花样,光刻胶是光敏感有机聚合物或环氧树脂。光刻过程中,掩模版的金属层在基片这一侧,掩模版对准位置后,让紫外光透过掩模版,照射光刻胶,在图形结构区域引起化学变化,再经过显影和刻蚀,形成所需要的图形结构。刻蚀有干法刻蚀和湿法腐蚀。干法刻蚀含义较为广泛,但大部分情况下是指离子束刻蚀或反应离子刻蚀,具有高能量的离子在低压下高速轰击目标材料表面,当传递给材料原子的能量超过其结合能时,固体原子被溅射而脱离其晶格位置,使目标材料的原子层连续被去除。湿法腐蚀又称湿刻,将掩模图形覆盖材料浸入化学溶液中进行化学反应,去掉不被保护的部分。

在集成器件加工过程中,一般需要经过十几甚至几十次的光刻才能完成一件器件或一批器件的制作,每次光刻都需要一块光刻掩模版,每块光刻掩模版的质量都会影响光刻的质量。由于制作过程中存在一定的工艺局限,光刻机中有多个光学元件,经过一系列光学元件和光传输,光掩模版上的图形并不可能与设计图像完全一致,在后续的硅片制造过程中,掩模版上的制造缺陷和误差也会伴随着光刻过程被引入器件中,因此光掩模版的质量直接影响制作器件的质量和成功率。

10.2　光刻机曝光方式

利用掩模版进行光刻的过程中,光刻机的光源发射光经光学系统照射到掩模版上,透过掩模版的光与基片表面上的光刻胶作用,显影后将掩模版上的图形花样转移到基片上,经多层光刻和后续处理,制作出器件结构。因曝光方式不同,对光刻掩模版的设计也有不同要求,设计掩模版要依据曝光方式作适当变化。曝光分为透射式和反射式曝光,透射式曝光是光透过掩模版后直接照射到沉积有光刻胶的基片表面上的一种曝光方式,反射式曝光是光刻机的光源发射光传输到掩模版上,经反射照射到光刻胶和基片上的一种曝光方式。

10.2.1　透射式曝光

透射式曝光又分为接触式曝光、接近式曝光和投影式曝光,图 10.2 给出了三种曝光方式的原理示意图。

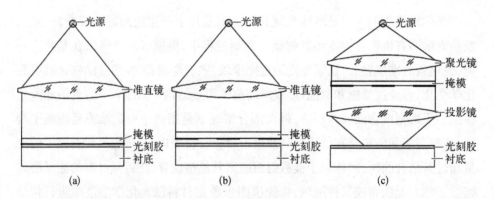

图 10.2　光刻机接触式曝光(a)、接近式曝光(b)、投影式曝光(c)示意图

1. 接触式曝光

图 10.2(a)为光刻机接触式曝光方式示意图,掩模版与光刻胶直接接触。这种方式的曝光,可以提高掩模图形的保真度,因为掩模版与光刻胶之间无间隙,掩模版与光刻胶的间隙会导致曝光显影后图形失真。掩模版与光刻胶的间隙造成图形失真的原因在于:① 间隙存在来自光刻机光源的光透过掩模版产生衍射;② 光照射到涂有光刻胶的基片反射到掩模版的底部,再在掩模版上发生

反射回到涂有光刻胶的基片上。衍射和反射的杂散光与光刻胶作用,显影后造成基片上的图形失真。

接触式曝光后基片上成像图形与掩模图形大小相同,接触式光刻机曝光多用于线宽尺寸 5 μm 以上的器件生产,但是也可以用于 0.4 μm 线宽尺寸器件的制作,在 20 世纪 70 年代这种方式曝光在生产线上被大量采用。此种曝光方式主要依赖人的手动操作,掩模版容易被沾污,沾污的掩模版又会影响光刻胶显影成形,一般每 5~25 次操作需要更换掩模版,或频繁清洗掩模版。现今接触式光刻已不被广泛使用,但在非批量器件加工制作中继续使用。

2. 接近式曝光

光刻机接近式曝光方式如图 10.2(b)所示,掩模版不与光刻胶直接接触,掩模版与光刻胶之间留有间隙,它们之间的距离在 2.5~25 μm 左右,从光刻机的光源发出的光经准直变成平行光,透过掩模版,照射到涂有光刻胶的基片上进行曝光。这种方式缓解了掩模版的沾污问题,但因光透过掩模版产生衍射,光在掩模版和光刻胶表面之间还会发生多次反射,对曝光显影后产生的图形造成干扰,器件线宽也受到影响。这种曝光方式主要用于线宽尺寸在 2~4 μm 的器件加工制作,如何减少器件成形后的特征尺寸是这种曝光方式需要解决的主要任务。

3. 投影式曝光

图 10.2(c)为光刻机投影式曝光方式示意图。这种曝光方式通过光学系统将掩模图形投射到涂有光刻胶的基片上,基片上产生的图形取决于光学成像系统,不仅解决了光刻过程中掩模版的沾污问题,还避免了接近式曝光过程中光衍射、光反射造成的图形失真问题。

投影式曝光分为扫描投影曝光、分步重复投影曝光、步进扫描投影曝光。投影曝光可用于大规模集成器件的生产。

扫描投影曝光是利用反射光学系统把图像按衍射模版的大小 1:1 投影到基片上进行曝光的方式,曝光过程有扫描运动。

分步重复投影曝光过程则在每一步把投影掩模版的图形通过投射透镜聚焦到涂有光刻胶的基片上,基片与掩模对准,穿过掩模版透明区域的紫外光对光刻胶曝光。掩模版上的图形通常按 5:1 或 4:1 的比例设计制作,即掩模版的尺寸是基片上产生图形尺寸的 5 倍或 4 倍[1]。每次曝光只曝光基片上一个局部区域,然后步进到下一个局部位置重复曝光,通过连续步进曝光得到基片上所有图形花样。这种曝光方式适用于较小关键尺寸(critical dimension)器件的制作,光刻掩模版的制作也变得相对容易,解决了图形关键尺寸过小掩模版制作难的问题。对基片表面平整度和器件图形形状变化的要求变得较为宽松,补偿变得容易。

　　步进扫描投影曝光融合了扫描投影和分步重复投影曝光的优势,通过使用缩小图像的光学系统将大曝光场扫描投射到涂有光刻胶的基片上,扫描曝光结束后再到下一个曝光区域重复扫描,然后重复这些过程。因使用缩小图像投影曝光,在投影掩模版上可多放一些图形,因而一次投影可制作多个器件。另外,扫描过程可调节曝光的聚焦能力,能有效补偿基片的平整度和几何形状变化,从而在整个曝光场内获得尺寸均匀的器件图形。缺点是这种曝光方式对扫描和步进的定位精度要求高,定位精度不超过几十纳米。

10.2.2　反射式曝光

　　具有较短波长光源(如极紫外光源)的光刻机中,因为一般透镜材料对这类光源发出光的吸收系数高,传统的透射式成像光刻系统不适用,成像系统是反射式的。图 10.3 给出了极紫外反射式曝光原理示意图。极紫外光源发出

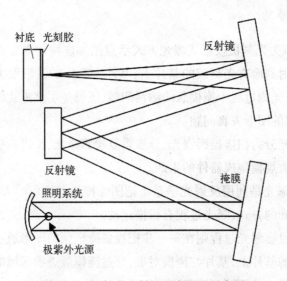

图 10.3　反射式光刻机曝光原理示意图

的极紫外辐射由反射镜收集反射和直射后投射到反射式掩模版上,被反射的掩模版图形由另一组反射镜反射后投射到光刻胶和硅基片上进行曝光。这种反射系统对极紫外光束聚焦,可将掩模版上的图形缩小,最后在硅片上产生缩小的图形,其比例达4∶1。极紫外反射式光刻机的光源波长为13 nm,曝光的分辨率可达8 nm。

10.3　光刻对准原理

为了正确地在基片形成图案,基片上图形的位置、方向和旋转方向要与光刻掩模版上的图形建立正确的关系,必须把基片上的图形与光刻掩模版上的图形精确对准。对准应快速、正确、精确,重复性好。

目前的高精度光刻设备所采用的对准方式主要有两类,即光栅衍射空间滤波干涉和视频图像方式。光栅对准有莫尔条纹对准、激光外差干涉对准和全息对准。视频图像对准中,常见的对准方式有:早期采用的离轴对准,即双目显微镜对准;共轴对准有TTL(through the lens)对准和双光束逐场对准;明场对准有激光扫描视频图像对准、场像对准;暗场对准有激光步进对准。

10.3.1　单面光刻对准

光刻对准时承片台可水平左右、前后移动,还可在一定角度范围内旋转,顶视观察显微物镜也可左右、前后移动,显微物成像经CCD或CMOS图像设备传输到显示屏上,掩模版上的标记与基片上的对应标记套准后,控制承片台将基片送到与光刻掩模版接近或接触的位置,如果接近或接触光刻掩模版发现对准有偏移,需要移开微调,直到完全对准,然后曝光。对准时,例如基片上标记"+"移到掩模版上的空十字位置,十字的水平左右和前后对齐(图10.4)。

10.3.2　双面光刻对准

有的基片正面和背面都需要进行光刻操作加工出图形,需用到双面对准,对准结构原理见图10.5。首先用上述单面光刻对准的方法完成正面对准和曝光、显影和后续工艺获得正面图形。

下一步,位于底部的摄像机从下向上找到光刻掩模版上的标记,图像在显示屏上显示。

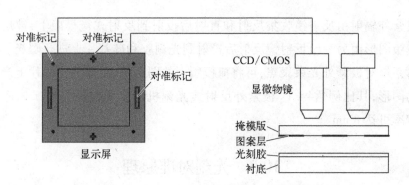

图 10.4　单面光刻对准原理示意图(左侧对准标记要求对准)

　　将已经完成正面形状的基片的背面向上,置于承片台上,这时正面对准标记朝下,调整承片台的左右、前后位置,并适当旋转承片台,使正面对准标记与显示器上光刻掩模版上的标记对准,控制承片台将基片送到与光刻掩模版接近或接触的位置,如果接近或接触发现对准偏移,需要移开微调,直到完全对准,然后曝光。

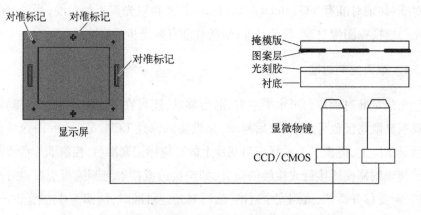

图 10.5　双面光刻对准原理示意图(左侧对准标记要求对准)

10.3.3　套准精度

　　对准过程中每个连续图形与前一层图形匹配的精度称为套准精度,它反映了掩模版图形与基片上图形的套准能力。要形成的图形层与前层的最大许可的相对位移被定义为套准容差,如图 10.6 所示。一般而言,套准容差大约是关键尺寸的三分之一。如果关键尺寸是 $0.18~\mu m$,那么套准容差则为 60 nm。

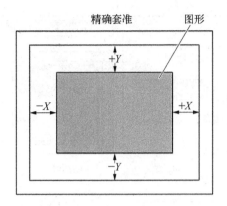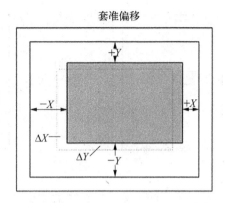

图 10.6 套准容差示意图[1]

10.4 光刻掩模版设计对准标记

一个器件的制作往往需要经过多次甚至几十次光刻才能完成,每次光刻掩模版的位置必须与前几次掩模版的位置对准,这种对准是通过光刻掩模版定位标记与基片上已加工的标记对准来完成的。

设计掩模版时通常需要两种类型的标记,对于重复步进式曝光需要两类对准标记,即总体标记和局部标记。总体标记是对整个基片对准,局部标记是对每个重复单元(掩模图形)进行对比。

10.4.1 光刻掩模版定位标记图案和要求

典型的对准标记有 T 字形、十字形、品字形、口字形、多方格、栅格、刻线,如图 10.7 所示。

图 10.7 为两个光刻层之间的对准标记示例,图 10.7(a)为 T 字形对准标记,T 字图案在一光刻层,镂空图形标记在另一光刻层,当两光刻层的 T 字形下方中心对称线对齐、上方横线中心对齐时,完全图形匹配并观察到理想图案组合,完成对准。图 10.7(b)为十字标记组合,十字图案在一光刻层,镂空图形标记在另一光刻层。完成第一层曝光、显影和刻蚀后,在对第二层光刻板进行调节时,第二层图案与第一层图案完全图形匹配并观察到理想图案组合,才完成对准。图 10.7(c)为品字形标记,十字图案在一光刻层,四小方块图形标

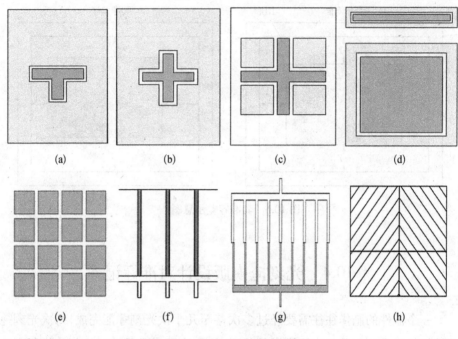

图 10.7　典型的对准标记示意图

记在另一光刻层。完成第一层曝光、显影和刻蚀后，在对第二层光刻板进行调节时，第二层图案与第一层图案完全图形匹配，十字图案中心对称线与四小方块中心形成的十字对齐，才完成对准。图 10.7(d) 为口字形对准标记，两层图案均为长方形图案，在一光刻层为实心，另一层镂空，当两光刻层的口字形对齐中心，完全图形匹配并观察到理想图案组合，完成对准。图 10.7(e) 为多个小方块组合的图案，两图层图案相同，对准时两图形重合匹配，完成对准。图 10.7(f)、(g)、(h) 为条纹标记对准，两对准层各有多组条纹。图 10.7(f) 中上、下方条纹间间隔相同，但上方条纹比下方条纹长，它们分别在不同光刻层。图 10.7(g) 中上下方条纹间间隔不相同，分别位于不同图层，对准时，两图层的条纹对称中心位置对齐，方完成对准。图 10.7(h) 上、下方条纹间间隔相同，但条纹向左、右倾斜 45 度，各组条纹的线宽和间距不同，上半部分图形在一个光刻层，下半部分条纹在另一个光刻层，对准时，两者之间线条对齐、图形匹配，完成对准。

　　通常对准标记由多种图案组合完成，设计光刻掩模版标记时，标记图案的大小和尺寸依据对准目的变化，对于基片整场对准，可在掩模版的四周边沿设计较大尺寸对准标记,对于制作器件,采用较小尺寸标记对准,还可由多个标记组合成较大的图形。图 10.8 给出了示例,图中十字标记 G 的图形较大,用于整场对准,十字标记 F 用于精细尺寸的对准,十字标记 R 用于掩模版的对准。第一层掩模版的标记与第二层的标记图形互补。

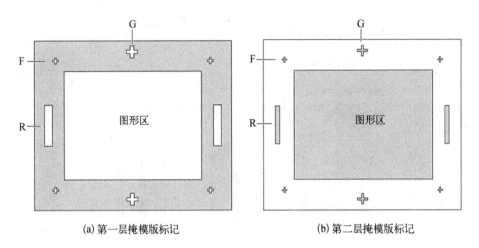

(a) 第一层掩模版标记   (b) 第二层掩模版标记

图 10.8   光刻掩模版定位标记分层示例

10.4.2   光刻掩模版对准检测图案

对于对准精度,可设计对准检测标记,图 10.9 为较高精度对准检测图案的实例,利用千分尺和游标卡尺原理制作相互错位刻度的刻线,这种刻线可推断对准误差。其中上图左端对齐,刻度为零。下图中心对齐时刻度为零。

虽然掩模对准式曝光有诸多局限,不适用于大规模集成的生产,但对于小批量、科研性质的研究以及分辨率不高的微细加工,如微系统包括微流体系统的加工过程仍有广泛应用,这种曝光方式具有设备便宜、技术简单等特点。

大规模集成器件生产量大,掩模对准式曝光很快被投影式曝光取代,形成图像质量完全取决于光学成像系统。

10.4.3   掩模版的设计原则

掩模版的设计应遵循一定的规则,要注意以下几点:

(1) 不同工艺有不同的最小可实现图形尺寸,如果设计的图形尺寸过小,或两个相邻图形靠得太近,实际工艺无法实现,掩模版设计必须考虑这种限制。

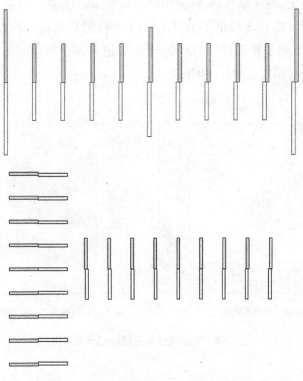

图 10.9　对准检测两种图案,下图为检测图案的尺寸示例

（2）在设计光刻掩模版时,在每一层光刻掩模版上应设计一个线宽检测标记,便于监测关键线宽。

（3）在设计光刻掩模版周边,加设器件功能检测图形,通过多道工序光刻、显影、刻蚀和其他程序,对每一层光刻的质量进行监测。

（4）对准标记的尺寸,依据对准精度,分常规对准、精细和辅助对准,依据标记的规范选择尺寸。如在单面光刻掩模版的设计中要考虑两次相关标记的大小匹配或覆盖问题,对标记的顺序进行标号,便于光刻机操控人员完成对准。

10.4.4　对准标记设计实例

光刻对准过程中,通常掩模版在上,基片在下,设计对准标记的原则是透过掩模版上的对准标记可看到基片上的对准标记,相邻两层对准标记所在的区域第一层在掩模版的亮场区、第二层在掩模版的暗场区;或相反,相邻两层对准标记所在的区域第一层在掩模版的暗场区、第二层在掩模版的亮场区。典型对准标记(如十字)的长度和宽度有一定规范,如长度为 150 μm,两次相关十字的条宽为 30 μm 和 40 μm,两相关十字间距为 5 μm。

（1）首层光刻对准。首层光刻时,因为基片上没有任何图形,一般不需要对准,这时借助基片上的基准面或基片上托盘的定位销,固定基片位置,如图 10.10 所示。但是在某些情况下,首层光刻(即曝光、显影、刻蚀)时初始位置不佳可能造成后续对准困难,对准偏差较大,图案产生畸形,这时应分析拟产生的最终图案,调节光刻掩模版的左右、前后位置,旋转角度,使得所有后续光刻中对准方便、可行。

第一层光刻掩模版上应有后续所有光刻层中对准标记的"正"、"负"图案,或互补图案、关键尺寸线宽检测标记,还应有本层刻蚀质量监测、功能器件检测部分图案。

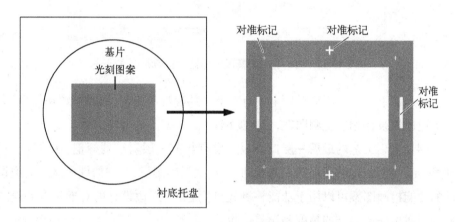

图 10.10　光刻机上基片和托盘以及待加工图案区域示意图,右图为放大的
基片上待加工图形片区和对准标记

（2）第二层光刻对准。将具有第一层图形的基片放置在第一层光刻时的位置,再放好第二层光刻掩模版,调节光刻掩模版的左右、前后位置,旋转角度,可以看到第一层掩模版在基片上生成的小对准标记,通过一系列的调整,调整掩模版的左右和前后位置,以及适当偏转掩模版,可以实施对准和曝光。第二层对准和刻蚀后,在掩模版上产生透光的大对准标记字,并与上一层的对准标记套准。

对于使用暗场光刻掩模版进行套准,可在暗场掩模版上增加一些大的辅助标记,便于找到对准标记,否则可能很难找到对准标记。此时,可在暗场光刻掩模版上增加局部亮场,并在亮场中增设较大标记,用于粗调光刻掩模版的位置和找到对准标记。还可在精细对准标记位置周边加尺寸较大的标记,方便对准,如图 10.11 所示,左侧为局部亮场中不透光的十字套准标记,右侧为局部亮场中品字套准标记,十字标记透光。

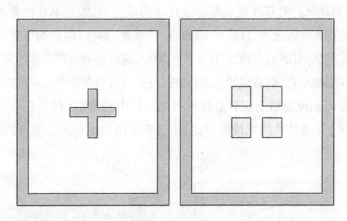

图 10.11　暗场光刻掩模版局部辅助亮场和定位标记

(3) 在下一层光刻掩模版上设有与上一层套准的标记,同时兼顾功能检测,在周边区域设计相应检测图案,依次类推。

(4) 光刻工艺的最后一层掩模版上设有与前一层对准的标记,在前面的对准、曝光、显影和刻蚀制作图案的基础上,产生最终图形,实现器件功能。周边设计的功能检测图案可以用于功能检测光刻问题,而周边设计的对准精度和误差检测图案可完成套准的精度和误差检验。

10.5　光刻掩模版的光学增强技术

随着集成器件尺寸的减小,特别是器件尺寸接近或小于曝光波长时,透过掩模版的光发生衍射,对基片表面光刻胶曝光,导致基片上产生的器件图形畸变。另外,光的散射对产生器件的图形影响相对增强,也导致器件图形发生畸变。为减少成形图形畸变,可对掩模版采用相移、光学临近修正技术减轻光衍射和光散射对生成图形的影响。

10.5.1　相移掩模技术

典型的相移技术是在掩模版靠近加工基片一侧附加一层透明层,使透过掩模版的光相位移动 180°,从不透光区域衍射的光与透光区域衍射的光发生相消干涉[2,3]。还可通过在光刻掩模版的石英或玻璃板上刻蚀一定深度,使光透过刻蚀区域与未刻蚀区域因厚度差产生 180° 相位移,从而减轻光衍射对产生图形的影响。

利用相消干涉原理,还可在掩模版表面镀上减反膜,减轻基片表面散射光返回基片对产生图形的影响。

10.5.2　光学临近修正

当器件关键尺寸很小时,特别是图形尺寸接近或小于所用光源波长时,由于光的衍射,光刻胶受光照射,基片显影后产生的图形和花样与设计图形不一致(如直线变短、直角变成圆角等),这种现象称为光学临近效应,它主要是由衍射光场的叠加和干涉引起的。

10.5.3　光学临近修正方法

设计掩模版时可对图形进行修正,主要是增加辅助图形或去掉图形的部分结构,达到修正图形的目的[4-8]。如果图形有直角结构(类似 L 字形结构),可在设计图形时去掉内直角的一部分,外直角处增加长方形图形,修正后光刻胶上显影成像后变成为直角。两直线端的两侧角部增加长方形图形,让光刻胶上成像的直线段为理想图形。此外还可在线性图形侧边增加辅助线,在直线外侧增加平行辅助线,在直线的头部增加短线。设计掩模版时,这些增加的辅助图形和减小的图形的尺寸应小于曝光系统的分辨率。

10.6　曝光系统的分辨率

光刻系统中曝光系统的分辨率被定义为清晰分辨基片上间隔很近的特征图形对的能力,分辨率可由下式计算[1]:

$$R = k\lambda/\mathrm{NA} \tag{10.1}$$

其中,k 是工艺因子;λ 为光刻用曝光波长;NA 为曝光系统的数值孔径。

显然,波长越短,数值孔径越大,曝光系统的分辨率越高。假定曝光波长为 193 nm,数值孔径为 0.65,工艺因子为 0.62,计算得此系统的分辨率为

$$R = \frac{0.62 \times 193}{0.65} \approx 184 \text{ nm}$$

10.7　焦　　深

光刻系统中光刻掩模版在曝光系统的焦点附近一个范围内成像清晰，图像质量最佳，这个范围称为焦深。焦点可能刚好位于光刻胶层中心，但是焦深应该穿越光刻胶层的上下表面。

焦深的方程式为[1]

$$DOF = \frac{\lambda}{2NA^2} \tag{10.2}$$

其中，DOF 为焦深；λ 为曝光波长；NA 为曝光系统的数值孔径。

曝光系统的焦深和光分辨率对掩模版成像质量起关键作用，设计掩模版时要充分考虑系统的分辨率，以便获得较小的关键尺寸，但是从式（10.1）和式（10.2）可以看出提高分辨率时会大大降低焦深。因为在曝光波长一定的情况下，提高分辨率要求增加曝光系统的数值孔径，而焦深与数值孔径的平方成反比，焦深减小较快。在大规模集成系统生产时，焦深甚至比分辨率更重要。大规模集成系统多加工在较大的基片上，一方面基片表面不可能绝对平整，另一方面，每一器件大多经过多道工序制作，前道工序在基片表面形成了高低起伏结构，曝光系统较小的焦深可在很小的范围确保掩模版的成像质量，超出这范围成像质量较差。因此，设计掩模版时既要充分考虑光分辨率，又要兼顾焦深。

10.8　小　　结

光刻掩模版的设计质量决定着能否成功制作器件，设计光刻掩模版要遵循一定的规则，设计时要考虑曝光方式、关键尺寸、对准标记、曝光系统的分辨率和焦深、光刻后生成器件的效果。针对较小器件尺寸，如亚微米量级尺寸，光刻过程可采用缩小成像投影式曝光方式，减轻对光刻掩模版尺寸的限制。针对过小尺寸器件，如几十纳米量级尺寸，因采用极紫外光源，普通光学材料吸收强，可采用反射式曝光方式，改变光刻掩模版的设计。

常规光刻系统一般利用透射式光刻掩模版进行器件制作,当器件关键尺寸接近或小于光刻机光源的波长时,衍射引起的光学临近效应导致制作的器件图案发生畸变,设计掩模版时可采取去除部分图形结构或增加局部辅助图形对光刻曝光和显影后的图形进行修正,去除部分图形结构或增加局部辅助图形刻依据计算机对光刻胶上曝光强度分布模拟情况予以实施。

光刻掩模版在集成光子系统和器件的制造和加工过程中起着重要作用,光刻掩模版要注意加工器件的尺寸的变化,单位面积上集成器件数量越来越多,尺寸越来越小,制作尺寸为纳米量级器件已有报道,给掩模版的设计带来了挑战,也给光刻系统的更新提供了机遇,新型光刻系统不断涌现,掩模版结构也随之变化。

参 考 文 献

[1] Quirk M, Serdk J.半导体制造技术.韩郑生,等译.北京:电子工业出版社,2009.

[2] Cirino G A, Mansano R D, Verdonck P, et al. Diffractive phase-shift lithography photomask operating in proximity printing mode. Optics Express, 2010, 18(16):16387-16405.

[3] Aizenberg J, Rogers J A, Paul K E, et al. Imaging profiles of light intensity in the near field: Applications to phase-shift photolithography. Applied Optics, 1998, 37 (11): 2415-2152.

[4] Zhang H, Li S, Wang X, et al. Fast optimization of defect compensation and optical proximity correction for extreme ultraviolet lithography mask. Optics Communication, 2019, 452:169-180.

[5] Garetto A D, Capelli R, Blumrich F, et al. Defect mitigation considerations for EUV photomasks. Journal of Micro-Nanolithography MEMS and MOEMS, 2014, 13:043006.

[6] Jonckheere R. EUV mask defectivity-a process of increasing control toward HVM. Advanced Optical Technologies, 2017, 6:203-220.

[7] Liang T, Magana J, Chakravorty K, et al. EUV mask infrastructure readiness and gaps for TD and HVM. Proceeding of SPIE, 2015:963509.

[8] Kim S S, Chalykh R, Kim H, et al. Progress in EUV lithography toward manufacturing. Proceeding of SPIE, 2017:1014306.

第 11 章 量子级联激光器

量子级联激光器(quantum cascade lasers，QCL)是电子在半导体量子阱中导带子带间跃迁并伴有量子遂穿过程，发射光子和实现光放大的单极半导体激光器件。量子级联激光器的工作原理与常规半导体激光器的原理截然不同，它打破了传统 p-n 结型半导体激光器中的电子-空穴复合受激辐射机制。受激辐射过程只有电子参与，利用在半导体异质结薄层内量子约束效应引起的电子态能级分离，通过电子注入，在有源区导带的子带之间发生电子能级跃迁，产生和发射光子，光子在谐振腔中发生共振，实现光放大，从而输出激光。激光波长由有源区域的周期能带结构、几何结构和尺寸决定，改变有源区量子阱层的厚度可改变发射波长。量子级联激光器的发射激光波长范围很宽，从红外区域到太赫兹波长均可实现激光输出，量子级联激光器的核心是有源区域的周期能带结构。

本章介绍量子级联激光器能带结构设计、现有激光材料和制造技术、激光谐振腔结构设计、激光输出方式、波长调谐技术和光子集成技术等，并介绍太赫兹量子级联激光器、超短脉冲太赫兹量子级联激光器、太赫兹辐射量子级联放大器的工作原理和系统结构。

11.1 量子级联激光器能带结构

量子级联激光器由贝尔实验室于 1994 年首次报道[1]，它是量子工程和先进半导体制造技术相结合的产物。激光器中电子注入区和有源区周期分布，电子能带设计成梯度结构，有源区由多个量子阱和势垒交替组成，周期分布的电子注入区和有源区设计为超晶格结构。量子级联激光器的特点：① 有源区由多级耦合量子阱与势垒构成的模块串接组成，工作波长由耦合量子阱导带子带间距决定，可实现波长的大范围剪裁，波长从几微米到上百微米；② 在一定结构下可实现单电子注入多光子输出，量子效率高；③ 量子级联激光器的受激发射过程发生在子带间。

图 11.1 是量子级联激光器在偏压下典型的导带能级结构示意图，有源区是 3 阱/3 垒结构，电子注入区是 4 阱/4 垒结构，图中左边电子注入区和有源区构

成一个周期,右边电子注入区为第二个周期内的结构,量子阱层和势垒层都为超晶格结构。图中矩形结构为半导体晶体中电子所处的势场,曲线为相应导带电子态概率密度。激发态电子在注入区通过多层量子阱并以极快的速度隧穿多个势垒,隧穿每个势垒的时间在亚皮秒量级,如 0.2 ps 左右,随后进入有源区的第一个量子阱、势垒和第二个量子阱、势垒模块,经强耦合进入第三个量子阱。第一个量子阱很薄,这种薄结构可有效提高上能级电子的注入效率,进入第二个量子阱和第三个量子阱的电子均通过隧穿方式进行。在第一个量子阱、第一个势垒、第二个量子阱、第二个势垒中高电子能级状态发生变化。3 阱/3 垒有

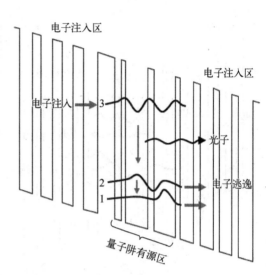

图 11.1　典型的量子级联激光器 3 阱/3 垒结构导带能级结构示意图

源结构一般被用于三能级跃迁、光子发射激光器,在三能级跃迁、光子发射激光器中,电子从能级 $n = 3$ 跃迁到较低能级($n = 2$),并发射光子,这个过程时间较长,例如 4 ps;处于能级 $n = 2$ 的电子在第三个量子阱中迅速弛豫到能级 $n = 1$,并释放声子,这个过程时间较短,例如 0.6 ps;处于能级 $n = 1$ 的电子再以极快的速度隧穿有源区最后一个势垒,逃逸到下一级电子注入区,此过程时间短,如 0.5 ps,这种结构迅速倒空下能级粒子,加速激光产生所需粒子数倒转。而在电子注入区电子极快隧穿各势垒,可以有效填补在粒子数倒转过程中失去的高能级粒数。第三个量子阱的存在有效减小了粒子的逃逸概率,起到提高电子注入效率的作用。量子效应决定子带间距,逐级串联形成级联结构。

最早报道[1]的量子级联激光器的核心部分为 25 个周期电子注入区和有源区组成的导带结构,量子阱和势垒为 InGaAs/AlInAs 材料,有源区是 3 阱/3 垒结构,衬底为 InP,配合谐振腔和波导传输结构,在 -185°C 时获得 8 mW、波长为 4.2 μm 的激光输出。

图 11.2 是典型的量子级联激光器 4 阱/4 垒导带能级结构示意图,有源区是 4 阱/4 垒结构。这种设计继承了 3 阱/3 垒设计的优点,其中前 3 阱/3 垒设计与

常规 3 阱/3 垒结构的理念相似,高能级激发态电子在注入区通过多层量子阱并以极快的速度隧穿各个势垒进入有源区的第一个量子阱、第一个势垒和第二个量子阱、第二个势垒,经强耦合进入第三个量子阱。第一个量子阱很薄,这种薄结构可有效提高上能级电子的注入效率。4 阱/4 垒有源结构一般被用于四能级跃迁、光子发射激光器,在四能级跃迁、光子发射激光器中,进入第二个量子阱/势垒和第三个量子阱/势垒均通过隧穿过程,在第一个量子阱、第一个势垒和第二个量子阱、第二个势垒中处于导带高能状态的电子从能级 $n=4$ 跃迁到低能级 $n=3$,发射光子;低能带 $n=1$、2、3 之间间隙小,相邻两能带之间的能级差为一个声子的能

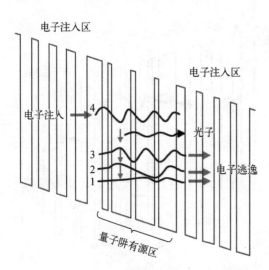

图 11.2　典型的量子级联激光器 4 阱/4 垒导带能级结构示意图

量,能级 $n=3$ 的电子迅速弛豫到能级 $n=2$,并释放一个声子;能级 $n=2$ 的电子弛豫到能级 $n=1$ 的电子,释放一个声子;低能级电子的弛豫过程主要发生在第三个量子阱/势垒对和第四个量子阱/势垒对区域,与 3 阱/3 垒结构相比,虽然低能级电子的弛豫多经历了一个隧穿势垒过程,隧穿过程用时增加,低能级电子数增加,但是第四个量子阱的引入改变了电子波函数的分布,有了第三个子带 $n=1$,高能电子在跃迁、光子发射、弛豫过程中产生双声子发射;低能级 $n=3$ 的电子寿命大幅度缩短,使得整个有源区产生激光所需粒子数反转效应增强,减少激光产生的阈值电流,增加斜率效率和功率输出,与之相关的激光器中的发热效应也减弱。这种导带结构,也可在以 InP 为衬底、InGaAs/InAlAs 量子阱/势垒结构有源区中进行,并可在室温下实现激光输出,从极低温运行到常温运行使得此种激光器从实验研究到实用化。

　　量子级联激光器的设计是半导体能带和量子工程的结果,随着人们对量子级联激光器相关物理过程更深入的了解,相应量子级联激光器的有源区结构设计思路得以拓展。2009 年,文献[2]提出在有源区采用 5 阱结构,导带中设计有 5 个能带,激光跃迁发生在能级 $n=4$ 和 $n=3$ 之间,最低能级 $n=1$ 附近增加一个

能级 $n=1'$，电子从能态 $n=3$ 到基态的跃迁，增加多个路径，从 $n=3$ 到 $n=2$，从 $n=2$ 到 $n=1$，或从 $n=2$ 到 $n=1'$，能态 $n=3$ 的电子寿命缩短。这样可增强高能级粒子反转机制，提高激光的电光转换效率。

随着量子级联激光器的进一步发展，激光器的性能得到大幅度的提升，文献[3]指出改进量子级联激光器的性能有两种有效途径：一是在有源区采用深量子阱结构，抑制载流子泄漏，达到减小激光阈值电流的目的；二是有源区势垒采用升降结构，沿电子移动方向，量子阱/势垒对中，势垒的高度先逐渐增加，后降低，与常规的级联量子激光器有源区的势垒线性减小不同。这种导带结构可提升激光跃迁上能级粒子的寿命，促进粒子数反转。

11.2 量子级联激光器材料及其 对激光器性能的影响

量子级联激光器的有源材料主要有 GaInAs/AlInAs（量子阱/势垒）材料[1]、GaAs/AlGaAs（量子阱/势垒）材料[4]、锑化物 InGaAs/AlGaAsSb 和 InAs/GaSb/AlSb 材料[5]。1994 年，贝尔实验室发明的第一个量子级联激光器是以 InP 为衬底，量子阱/势垒为 GaInAs/AlInAs 制作的，量子阱/势垒层制作为超晶格结构。这种结构设计涵盖了所有第一类超晶格有源区结构理念。目前，$In_xGa_{1-x}As/Al_zIn_{1-z}As/InP$ 材料系制造工艺相对成熟，因为它们用于量子级联激光器的时间早。量子级联激光器的发射波长可覆盖很宽范围，发射波长在 $3\sim6\ \mu m$ 的光谱范围内的激光器报道较多。

$In_xGa_{1-x}As/Al_zIn_{1-z}As/InP$ 材料量子阱/势垒中元素含量和应变值决定了导带的能级值，影响波函数密度分布，但晶格失配制约了量子阱/势垒结构的设计。比如，晶格失配限制了量子阱的厚度只能在一定范围内。量子级联激光器中电子运动经历量子隧穿效应，量子阱和势垒间接合面的状况（如成分变化和界面粗糙度）对量子级联激光器的内部损耗影响明显，影响激光器的阈值电流和转换效率。

电子态寿命决定粒子数反转的状况和占比，载流子寿命与电子能级跃迁过程中伴随的弹性、非弹性散射有关，弹性散射受交界面粗糙度（interface roughness，FR）、混晶（alloy disorder，AO）无序程度的影响。非弹性散射释放纵波光学声子（longitudinal optical phonon，LO 声子），LO 声子发射和 AO 所致散射状况决定了光子发射能态上能级电子寿命,交界面粗糙所致散射状况决定了光子发射能态下能级电子寿命。而交界面粗糙是导致上能级载流子和注入电子泄漏的主要因素,此外交界面成分变化还会引起发射波长变化。晶格交接和不同成分接合面引起的散射也影响载流子寿命,它们决定着激光器内部损耗和阈值电流,最终关系到激光器转换效率和输出功率。

量子级联激光器运行过程中,电子在注入区从基态激发到高能态,在有源区从高能态弛豫到低能态,都会出现泄漏,在有源区电子泄漏特别明显,这种泄漏是高能级电子态和下一周期高能级态的能级差的函数,可以通过合理设计势垒和量子阱能态结构予以解决。文献[6]报道,设计梯度变化导带可降低载流子泄漏。

不像常规半导体二极管激光器,量子级联激光器运行的电流密度有最大值,电流密度取决于电子注入区的掺杂浓度,最大电流密度通常是阈值电流密度的3~4 倍。激光器的输出功率与量子阱/势垒的周期数成比例,周期越多,输出功率越高,但当功率增加到一定值之后不再增加,即达到最大值。量子级联激光器的最大输出功率与有源区的体积相关,即与有源区的量子阱和势垒的厚度及周期数有关,还与它们的表面积相关。长谐振腔可以增加输出功率,但是由于激光器内部损耗随着腔长增加而增加,实际腔长增长有限制。量子阱层和势垒层的周期数增加可以增加激光器的增益,但由于增加周期数导致激光器内发热加剧,散热性能下降,限制了量子级联激光器工作介质的周期数。此外,增加有源层的宽度可以增大模体积,但宽度增加会导致激光器内空间模式发生变化,出现多模,致使激光输出光束质量下降。激光器运行过程中未转化为激光输出的能量一般转化为热能,即激光器发热,其发热量如果不及时导出,可能导致电子泄漏加剧,还会造成上能级电子数占空比减小,导致激光器的转换效率下降,因此,量子级联激光器也会出现热翻转现象,严重时会导致激光器烧坏。

基于 GaAs/AlGaAs 量子阱/势垒材料结构的量子级联激光器的发射波长在远红外波段,理论上,GaAs/AlGaAs 量子阱/势垒材料可用于激光波长 10 μm 以上的量子级联激光器件。锑化物材料主要应用于发展中红外短波段量子级联激光器,如用于 2.5 μm 波长的激光器。早期 InAs/AlSb 材料体系量子级联激光器性能较差,而且仅能在低温下运行[7]。2014 年有文献报道,室温运行的 InAs/AlSb 材料体系量子级联激光器[8]运行温度达到 291 K。2016 年有文献报道,在 InAs/AlSb 量子级联激光器中实现了室温下、波长为 15 μm 连续激光输出[9]。

2018 年制造出 Si 衬底上直接外延、工作波长为 11 μm 的 InAs/AlSb 材料量子级联激光器,且工作温度达 380 K[10]。

　　一般红外量子级联激光器发射光子的能量大于有源区材料的 LO 声子能量,当发射光子能量小于 LO 声子能量时,便可发射太赫兹(THz)波。2002 年,文献[11]首次报道研制成功太赫兹 GaAs/AlGaAs 量子级联激光器,其发射频率为 4.4 THz,运行温度在−180℃。太赫兹量子级联激光器的增益较低,需要生长上百周期才能实现激射,而 InP 衬底上的 InGaAS/InAlAs 材料体系晶格匹配条件苛刻,制备难度大,目前材料体系是 GaAs/AlGaAs。2007 年,文献[12]报道采用腔内差频技术产生太赫兹波输出,并实现了室温工作。

　　量子级联激光器的电子注入区和有源区是大量纳米级薄层构成的超晶格结构,它们之间的界面状态是影响这些区域质量和整个激光器件性能的重要因素。分子束外延(MBE)技术生长的材料具有界面陡峭特点,利用分子束外延技术制备量子级联激光器具有自然优势。事实上,自量子级联激光器发明以来,激光器的有源层和电子注入区的制备主要以 MBE 技术为主。随着半导体制造技术的进步,利用金属有机物化学气相沉积(MOCVD)技术制造量子级联激光器也获得成功[13]。MOCVD 是半导体材料精确制备的另一种技术,也是目前半导体产业界普遍采用的一种材料制备技术,随着 MOCVD 设备的不断发展,基于 MOCVD 技术制造量子级联激光器的研究也快速发展起来。国际上多个研究小组报道利用 MOCVD 技术生长 InGaAs/InAlAs 材料,制备出室温运行、连续输出的高性能量子级联激光器[14,15];在国内,文献[16]报道利用 MOCVD 技术制备出室温运行、连续输出、波长为 8.5 μm 的量子级联激光器;文献[17]利用 MOCVD 技术制造出波长为 4.6 μm 的中红外量子级联激光器,连续输出功率达到 0.364 W。MBE 技术可以较好地控制材料制备过程中的界面形貌和尺寸层厚,但是由于 MBE 技术超高真空操作工艺要求,成本高,生产效率低,制约了量子级联激光器的产业化应用推广。而 MOCVD 技术具有高效率特性,更适合于产业化,可实现量子级联激光器的高效制备,适合于大规模生产,具有较好的前景。

11.3　激光谐振腔结构

　　量子级联激光器中外部施加电压,注入电流,在电子注入区将低能态电子激发到高能态,高能态电子隧穿进入有源区,电子和光子的运动都是动态的,光子经历被吸收、自发发射和受激发射三个过程。与常规激光器中光子的动态过程类似,当一个光子入射到介质中,一个处于低能态的电子可能吸收这个光子而跃迁到高能激发态,这个过程中光子被吸收,尽管量子级联激光器高能激发态电子的能量主要是通过外部电流注入施加给电子的,但低能态的电子吸收光子是不可避免的。电子处于高能激发态是不稳定的,如果没有外界刺激,它又会自动弛豫到低能态,并发射一个具有相同能级差能量的光子,或发射与原吸收相同能量的光子,这过程经历光子自发发射。在自发发射过程中,发射光子的传输方向和相位都是随机的,彼此无关,出射光为非相干光。而处于高能激发态的粒子也可以在光子的作用下弛豫到低能态,并发射一个与作用光子相同能量的光子,这种过程经历受激发射。在受激发射过程中,产生的光子和入射光子具有相同的频率、相同的传播方向、相同的偏振态。如果高能激发态电子数出现反转,即高能激发态电子数多于低能态电子数,激光器可能产生放大的光发射,即发射光束总能量增强。但是在激光器中,并不是粒子数达到反转分布就能产生激光,因为激光器中还存在使光子数减少的多种损耗,必须有谐振腔使光子之间产生共振,并满足一定条件,激光器才可实现相干放大输出。激光器产生激光需要具备三个基本条件:① 激光器内要有足够的反转粒子数,即高能激发态粒子数多于低能态的粒子数;② 要有合适的谐振腔,高能激发态粒子跃迁到低能态时,发射光子,光子之间产生共振,实现光放大,光具有强的方向性和相干性;③ 激光束在激光器谐振腔内传播时,增益大于损耗。

　　量子级联激光器中,虽然电子能态之间的跃迁发生在导带子带之间,与常规半导体带隙间跃迁不同,但是谐振腔还是沿用了常规半导体激光器的谐振腔结构,即采用法布里-珀罗谐振腔(F-P),或者采用分布反馈布拉格反射镜谐振腔结构。目前量子级联激光器大多是侧向发射激光的,垂直表面发射较少。事实上,半导体激光器垂直表面发射在某些应用中特别重要,比如在激光器输出与光纤耦合的应用场景中,量子级联激光器表面发射可产生圆形光斑,圆形光斑可大大降低激光器与光纤之间的耦合损耗。垂直表面发射是量子级联激光器发展的一个重要方向,目前垂直表面发射量子级联激光器比较少,是因为量子级联激光器中有的量子阱层很薄,而量子阱和势垒层又为超晶格结构,制造的晶格层数多,且制造过程中对材料组分的控制要求高,对尺寸的制造精准度高,因此量子级联激光器制造相对复杂,制约了它们的生产。随着半导体制造的发展,各种形式的量子级联激光器将大量出现和生产。

11.3.1 法布里-珀罗腔

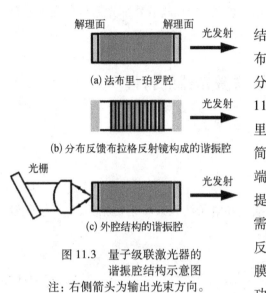

(a) 法布里-珀罗腔

(b) 分布反馈布拉格反射镜构成的谐振腔

(c) 外腔结构的谐振腔

图 11.3 量子级联激光器的
谐振腔结构示意图
注：右侧箭头为输出光束方向。

量子级联激光器的谐振腔基本结构如图 11.3 所示,图 11.3(a)为法布里-珀罗(F-P)腔,图 11.3(b)为分布反馈布拉格反射镜的谐振腔;图 11.3(c)为外腔形式的谐振腔。法布里-珀罗腔是半导体激光器中结构最简单的一种谐振腔,位于激光器的两端解理面直接构成谐振腔,为激光器提供振荡和放大。有时为满足一定需要,可在两端镀介质膜,一端镀高反射膜,出射端镀一定反射率的介质膜控制其输出比,以取得最大的输出功率。

11.3.2 分布反馈光栅谐振腔

分布反馈布拉格光栅构成的谐振腔如图 11.3(b)所示。对于侧面输出量子级联激光器,在有源层的两端,通过光刻技术直接刻蚀分布反馈布拉格反射光栅,或者在有源区波导结构上刻制出分布反馈布拉格反射光栅,光栅的周期数和周期内介质的折射率差通过优化计算进行合理取舍,因为光栅的周期数和周期内介质的折射率差决定着分布反馈布拉格反射光栅的反射率。为取得最大的激光输出,必须选择激光器两端布拉格反射光栅的最优反射率和透过率,即控制激光器两端光栅的最优周期数。对于垂直表面输出量子级联激光器,其方法是相同的。为取得最大的激光输出,必须选择位于激光器工作介质上方和下方分布反馈布拉格反射镜的最优反射率和透过率,即控制激光器工作介质上方和下方分布反馈布拉格光栅最优的周期数。一般情况下,量子级联激光器采用分布反馈光栅布拉格谐振腔结构可获得较窄激光线宽。

11.3.3 外腔结构

外腔结构量子级联激光器,将激光芯片和外部反射镜或反射光栅结合起来,形成光反馈构成激光谐振腔，如图 11.3(c)所示。这种结构中左端为反射光栅，反射光束经透镜耦合进入量子级联激光器的电子注入区和有源区,在右端输出激光。外腔结构量子级联激光器多用于波长调谐,调节外部光栅可以在一定范围内调节激光器的输出波长。

11.4　量子级联激光器的特性

11.4.1　脉冲输出量子级联激光器

1. 阈值电流密度

阈值电流密度与激光器的各种损耗和电子注入效率密切相关,量子级联激光器阈值电流密度 J_{th} 可用下式计算:[6]

$$J_{th} = \frac{\alpha_m + \alpha_w}{\Gamma g} + J_{bf} + J_{leak, tot} = \frac{\alpha_m + \alpha_w + \alpha_{bf}}{\eta_p \Gamma g} \tag{11.1}$$

式中,α_m 和 α_w 为激光器谐振腔镜和波导损耗系数;α_{bf} 是电子回填(backfilling)损耗,电子回填是指处于导带基能级电子因热激发占据高能态能级的现象[18],这种现象导致反转集居数下降,阈值电流增加;Γ 为光模约束因子;g 是微分增益;η_p 为泵浦效率;J_{bf} 为电子回填引起的电流增加值;$J_{leak, tot}$ 是注入电子态和上能级电子引起的泄漏电流密度总和。

泵浦效率 η_p 定义为

$$\eta_p = 1 - J_{leak, tot}/J_{th} \tag{11.2}$$

泵浦效率是影响量子级联激光器阈值电流密度的关键因素。一般情况下,量子级联激光器的泵浦效率小于 70%,性能较好的可达 90%,随泄漏电流的变化而变化,泄漏电流与激光器运行温度相关,泄漏电流还与导带能级密切相关,增加光子跃迁激发态电子上能级与导带基能级的差值可有效减轻电子回填引起的损耗,提高泵浦效率。

阈值电流密度与温度的关系可用下式关联:

$$J_{th}(T_{ref} + \Delta T) = J_{th}(T_{ref}) \exp\left(\frac{\Delta T}{T_0}\right) \tag{11.3}$$

式中，T_0 是激光器阈值电流特征温度；T_{ref} 为参考温度，一般为激光器未运行的初始温度；$T_{ref} + \Delta T$ 为激光器运行后升高了的实时温度。

2. 微分外部量子效率

微分外部量子效率 η_d 用下式计算[6]：

$$\eta_d = \eta_i \frac{\alpha_m}{\alpha_m + \alpha_w} N_p \tag{11.4}$$

式中，N_p 为激光器级联周期数；η_i 为激光器内效率，可用如下近似公式计算：

$$\eta_i \approx \eta_{inj,\,tun} \eta_p \eta_{tr} = \eta_{inj} \eta_{tr} \tag{11.5}$$

$$\eta_{inj} = \eta_{inj,\,tun} \eta_p \tag{11.6}$$

式中，$\eta_{inj,\,tun}$ 为电子跃迁上能级电子的注入效率，一般情况下接近为 1。η_{inj} 为电子注入总效率，η_{tr} 为电子跃迁上下能级电子寿命相关系数，其计算式如下：

$$\eta_{tr} = \frac{\tau_{up,\,g}}{\tau_{up,\,g} + \tau_{ll,\,g}} \tag{11.7}$$

式中，$t_{up,\,g}$ 和 $t_{ll,\,g}$ 是电子跃迁上、下能级电子的寿命。

微分外部量子效率随激光器的温度变化而变化，激光器温度 $T_{ref} + \Delta T$ 时的微分外部量子效率可用下式计算：

$$\eta_d(T_{ref} + \Delta T) = \eta_d(T_{ref}) \exp\left(-\frac{\Delta T}{T_1}\right) \tag{11.8}$$

式中，T_1 是微分外部量子效率特征温度，一般高于激光器阈值电流特征温度。

3. 电光转换效率

量子级联激光器的电光转换效率是标志激光器性能的一个重要参数，为提高激光器的输出功率，必先提高其转换效率。量子级联激光器的电光转换效率定义为激光器输出光功率与加在激光器上电功率的比值，其最大值可用下式计算[6]：

$$\eta_{wp} = \eta_i \frac{\alpha_m}{\alpha_m + \alpha_w}\left(1 - \frac{J_{th}}{J}\right)\frac{N_p h\gamma}{qV} \tag{11.9}$$

式中，J 为激光器运行时的注入的电流密度；V 为施加在激光器上的电压；$h\gamma$ 为

发射光子单个光子能量;q 为电子的电荷量。将(11.4)式代入(11.9)式得

$$\eta_{wp} = \eta_d\left(1 - \frac{J_{th}}{J}\right)\frac{h\gamma}{qV} \qquad (11.10)$$

从(11.8)式可知,激光器得微分外部量子效率 η_d 随温度变化而变化,因此,激光器的电光转换效率受激光器运行温度影响。

11.4.2　连续输出量子级联激光器

连续运行量子级联激光器的输出功率可用下式计算[19]:

$$P_{out} = (J - J_{th})A\frac{h\gamma}{q}\eta_{d,\,cw} \qquad (11.11)$$

式中, $\eta_{d,\,cw}$ 为连续运行量子级联激光器的微分外部量子效率,随激光器内部温度 T 变化;A 为激光器的注入电流的面积。激光器内部温度温升 ΔT 可用下式近似计算:

$$\Delta T = T - T_{ref} = R_{thermal}P_{out}(1/\eta_{wp} - 1) \qquad (11.12)$$

式中, $R_{thermal}$ 为激光器的热阻。激光器的电光转换效率 $\eta_{wp,\,cw}$ 是激光输出与输入电功率的比值,可由下式近似计算:

$$\eta_{wp,\,cw} = \eta_s\eta_{d,\,cw}\left(1 - \frac{J_{th}}{J}\right)\frac{h\gamma}{qV} \qquad (11.13)$$

$$\eta_{d,\,cw} = \eta_{i,\,cw}\frac{\alpha_m}{\alpha_m + \alpha_w}N_p \qquad (11.14)$$

这里 η_s 为修正系数;$\eta_{d,\,cw}$ 为连续输出激光器的微分外部量子效率,它与激光器运行温度呈指数关系,类似于(11.8)式;$\eta_{i,\,cw}$ 为连续输出激光器的内效率;阈值电流 J_{th} 与激光器运行温度呈指数关系,类似于(11.3)式。

11.5　波长调谐技术

波长调谐半导体激光器通常采用分布反馈布拉格光栅反射镜构成的谐振腔,通过加热对分布反馈布拉格光栅介质的折射率进行调控,调节分布反馈布拉格光栅反射波长,实现激光器输出波长的调节,这种方法在量子级联激光器依然

适用。

波长调谐半导体激光器的调谐也可采用外腔结构,外腔结构的激光器可实现较大范围内的调节。文献[20]采用外腔结构谐振腔,分布反馈布拉格光栅是在 2 μm 厚的锗波导上制作的,光栅深度 50 nm,宽 10 μm,在布拉格光栅的上下面分别设置加热器,中心波长为 5.1 μm,激光器的波长调谐范围达 50 nm。

文献[21]报道通过给量子级联激光器的有源区施加偏置电压,利用线性斯塔克效应(Stark effect)实现波长调谐。斯塔克效应是指在外电场作用下,原子或分子的能级发生分裂和移位,引起发射和吸收谱线的分裂和移动。外电场作用下各分裂能级的移位量随电场强度线性增加的称为线性斯塔克效应。此文献报道经适当导带结构设计,直接利用样品解理面构成 F-P 谐振腔,对激光器的发射波长调谐进行实验,其波长调谐范围达到中心波长值的 3%。这种调谐技术的优势在于调谐速度快,因为只控制加载在量子级联激光器上的电压就可以实现。

结合量子级联激光器光发射机制,多种技术可用于波长调谐,文献[22]报道利用可控偏振方向的光泵浦激光器的工作介质实现发射波长的调节。文献[23]报道采用多个量子级联激光器组合,改变谐振腔物理结构实现宽范围波长输出和调节。

量子级联激光器中电子在导带间发生能级跃迁,产生光子能量低,因此发射波长较长,波长调谐量子级联激光器的特点是可在较长发射波长范围内实现波长调节。

11.6 光子集成

单片光子集成技术已经得到充分发展,如今上万个光子器件已经可以集成到一块芯片上,但量子级联激光器的有源区较厚,远超常规量子阱二极管激光器有源区的厚度,增加了激光器中的腔内损耗,大大增加了集成的难度。量子级联激光器集成在芯片上依然是两种方式,即单片集成和混合集成。单片集成是将激光器件制作在具有相同衬底结构的芯片上,混合集成特别是与硅基混合集成,激光器的衬底与集成芯片的衬底材料不同,以下分别介绍。

11.6.1 单片集成

文献[24]报道通过将 GaInAs/AlInAs 量子级联激光器与无源波导集成在

InP 基上,无源波导采用质子注入的方式制作。这种工艺减少了量子级联激光器中电子浓度,大大降低了激光器中有源区和边缘层自由载流子吸收损耗,使激光器内部光学损耗大大减少,从而降低激光阈值电流,改善了激光器的性能。文献[25]通过倏逝波耦合将量子级联激光器与无源波导集成在 InP 基上,无掺杂 InGaAs 波导层生长在量子级联激光器有源区的下方,为了使有源区产生的光子能够高效、低损耗地耦合进入无源波导,有源波导的端面部分被加工成楔形,与混合集成方式类似,减少耦合损耗。

11.6.2　异质键合集成

将量子级联激光器材料键合到不同材料的波导上,这波导作为激光谐振腔的一部分,参与激光反馈和光学选模。硅基器件具备成熟的制造工艺,要在硅基光子芯片上集成量子级联激光器,最直接的方法就是在硅衬底上生长量子级联激光器外延材料,然后制作激光器谐振腔,但硅与Ⅲ-Ⅴ族材料的晶格失配度较大,直接在硅上生长高质量的外延材料难度很大。

2018 年,文献[26]报道将 InAs/AlSb/GaInSb 量子级联激光器键合到硅波导上,激光器全长为 3.1 mm,激光器与硅波导之间通过锥形结构进行模式耦合,量子级联激光器有源区和电子注入区位于硅波导中间位置,硅波导的两端面抛光,构成法布里-珀罗腔结构,作为激光器的谐振腔,完成的激光器位于绝缘体上硅上。其制作过程可概述如下:① 绝缘体上硅上制作 1.5 μm 厚的硅波导;② InAs/AlSb/GaInSb 量子级联激光器芯片倒装键合到硅基片;③ 去掉 GaSb 衬底;④ 制作激光器凸台;⑤ 去掉部分底部接触层的隔离层;⑥ Ti/Pt/Au 沉积制作底部接触层;⑦ 沉积 SiN 层,制作 VIA 通道,沉积 Ti/Pt/Au 膜制作顶部接触层。

详细步骤如下:① 硅衬底上制作 1 μm 厚 SiO$_2$ 层,随后制作 1.5 μm 厚的硅层。利用 C$_4$F$_8$/SF$_6$/Ar 电感耦合等离子体反应离子刻蚀法定义硅波导,部分刻蚀的深度为 750 nm,并在波导层上制作除气通道,用于键合界面产生的分子扩散。② 硅加工完后,利用亲水性等离子体辅助键合工艺(hydrophilic plasma assisted bonding process)将 InAs/AlSb/GaInSb 量子级联激光器外延层键合到硅波导上,在氧等离子体作用下,硅和Ⅲ-Ⅴ芯片表面融合在一起。键合后的芯片放在石墨夹具上,并放入加热炉退火一个晚上,退火温度为 200℃,因为 GaSb 的热膨胀系数比硅大 3 倍,而以 InP 为衬底的有源材料与硅集成的退火过程通常是在 300℃ 下退火,时长 1 小时。③ 随后采用机械方法降低 GaSb 衬底层到一个适当厚度,小于 100 μm;剩余的衬底层在 CrO_3:HF:H_2O 溶液中通过化学法刻蚀去掉,这种溶液在 n-InAsSb 刻蚀阻挡层终止,而 n-InAsSb 刻蚀阻挡层采用 $C_6H_8O_7$:H_2O_2 溶液除去,随后在下方的 GaSb 牺牲层用四甲基氢氧化铵(tetramethylammonium hydroxide, TMAH)的显影液去掉。④ 激光器凸台用 SiO_2 硬掩模版定义,在激光端点探测器监控下,上接触层、包层、隔离层和部分有源层在 BCl_3 下电感耦合等离子体刻蚀法除去,当到达刻蚀深度后,暴露的侧壁用 H_3PO_4:H_2O_2:Tartaric acid 钝化 3 秒,沉积 15 nm 厚的 Al_2O_3 层,并用增强化学气相法沉积 SiN 层。⑤ 有源层残余部分再用电感耦合等离子体刻蚀法除去,直到在 600 nm 厚的底部 GaSb 隔离层停止。⑥ 金属化前,底部 GaSb 隔离层残余用 TMAH 显影剂移除,显影剂在遇到 n-InAs/AlSb 底部接触层停止反应,沉积底部和顶部 Ti/Pt/Au(厚度分别为 20 nm/150 nm/1 000 nm)层,在底部金属化后,在 $CH_4/H_2/Ar$ 环境下用反应离子刻蚀法去掉残余Ⅲ-Ⅴ材料,制作单个设备。⑦ 最后激光器通过增强性化学气相沉积法镀上厚度为 1.125 μm 厚的 SiN 包层,完成后解理激光器靶条,将硅波导表面抛光。

文献[27]报道将 $In_{0.36}Al_{0.64}As$/ $In_{0.67}Ga_{0.33}As$ 量子级联激光器核心层与波导异质集成,合理设计耦合 InP 与 Si 波导的结构,特别是使用锥形波导机构耦合,通过数值模拟、实验测量,选择最优锥形波导结构,不仅可以增加激光器的输出功率,还可改善激光器输出光束质量。

11.6.3　混合外腔集成

超短脉冲量子级联激光器中的锁模元件与光增益放大区分离,需要采用混合外腔集成结构。文献[28]报道 GaInAsSb 超短脉冲量子级联激光器,激光器中可饱和吸收区和增益区被分成两部分,在这两个区域分别施加不同电压,激光器是集成在 GaSb 衬底上的,如果将锁模量子级联激光器集成到硅光子系统,必须采用异质混合集成工艺。

对于波长调谐量子级联激光器,为获得大的波长调谐范围,激光器采用腔外调谐元件,如采用体光栅作为激光器腔外调谐元件,集成时使用外腔结构。激光器外腔集成有突出优点,它可以充分利用有源区和腔结构最优结构组合,实现激光器件性能最优化。例如,量子级联激光器的功耗高,而异质键合集成需要利用硅波导将量子级联激光器集成,硅波导的包层多是热导率较低的二氧化硅材料,散热效果低,导致激光器内温度升高,阈值电流增加,电光转换效率下降。如果将已加工好的量子级联激光器的核心部分和调谐元件对准后集成封装在一块芯片上,即采用外腔混合集成,可解决散热效果差的问题,实现高效高性能输出,达到改善混合集成、优化激光器的输出效果。

11.7　太赫兹量子级联激光器

太赫兹波一般是指频率在 0.1 ~ 10 THz 的电磁波,位于中红外和微波之间,对应波长为 30 μm ~ 3 mm,太赫兹波在安检、成像、医学诊断、材料分析和高速无线通信等领域具有重要的应用。太赫兹量子级联激光器出现以前,产生太赫兹发射主要是利用激光脉冲激发一些窄带隙的半导体,由于其表面激发的载流子分布的纵向非对称性,引起宏观的电荷运动,从而激发人赫兹辐射。人赫兹科学技术是一门新的科学技术,但是由于激光脉冲激发一些窄带隙的半导体产生太赫兹波的方式效率低,方向性差,大大制约了其发展。太赫兹量子级联激光器发射太赫兹波具有方向性与可靠性好、效率高、器件紧凑等优势,成为最有前景的太赫兹源之一。

2002 年,文献[29]报道利用 3 阱/3 垒结构的 GaAs/AlGaAs 量子级联激光器,发射频率为 4.4 THz、输出功率大于 2 mW 的太赫兹波,运行在极低温度(50 K),引发太赫兹量子级联激光器快速发展。迄今,太赫兹量子级联激光器发射的频率范围拓展到 5 THz 以上,而且太赫兹量子级联激光器的工作温度从原来的 50 K 升至 210 K[30]。现阶段的太赫兹量子级联激光器还需要在低温环境下运行,如何进一步提高太赫兹量子级联激光器的工作温度到室温是一项非常紧迫的工作,这决定着太赫兹量子级联激光器能否走向实用,也是量子级联激光器未来研究的一个重要方向。限制太赫兹量子级联激光器不能在室温下工作的重要因素是:一方面,太赫兹量子级联激光器工作在极低温度下,对于这种激光器而言,室温是一个很高的温度,因热激发,电子从基态跃迁到激发态,电子回填严重,即非光子发射电子占据高能级,激光能级间的反转粒子数减少;另一方面,量子级联激光器的内部结构是超晶格结构,量子级联激光器的电子运动基于共振隧穿效应和载流子-载流子散射,在超晶格结构中热电子活动活跃,受温度影响较大。以下从波导结构、材料等方面对太赫兹量子级联激光器作简要介绍。

11.7.1 太赫兹量子级联激光器波导结构及输出光束质量控制

太赫兹量子级联激光器发射太赫兹波,与本章前几节介绍的近红外和中红外波的量子级联激光器相比,最显著的区别是激发态电子跃迁发射光子的两能级差值低,比发射近红外和中红外波的能级差小得多,发射单光子的能量是红外发射光子能量的百分之一到十分之一,因而导带设计时涉及的能级较多,文献[31]设计有 6 个能级,发射单光子的跃迁是在能级 $n=5$ 和 $n=6$ 之间。由于发射波长较长,造成两个方面的问题:一方面,激光器中自由载流子吸收引起的光传输损耗急剧增加;另一方面,光在波导中传输,传输模场较大幅度深入波导的包层,引起较大的传输损耗。为减少这些损耗,太赫兹量子级联激光器在波导的上、下表面引入金属层[31]。

由于太赫兹量子级联激光器发射波长较长,与器件的几何结构尺寸相近,导致衍射现象增强,尽管在波导的上、下表面引入金属层减少激光器的损耗,但出射衍射角度大,因此对金属层结构进行修改,采用分布反馈(DFB)光栅、光子晶体、超构表面等结构,对太赫兹量子级联激光器出射的光束进行操控,以下介绍分布反馈、表面等离子体、光子晶体表面等结构。

1. 分布反馈光栅表面结构太赫兹量子级联激光器

分布反馈光栅应用在半导体激光器中,可以获得频率稳定而且可以精确控制的激光器的纵模,并可以获得单模,将这种光栅结构应用到太赫兹量子级联激光器,一方面获得单纵模,另一方面可改善输出光束质量,减少输出光束的发散角。

图 11.4 显示的是表面为分布反馈光栅结构,上表面为周期性金属层和刻槽构成的分布反馈光栅,其下方为量子级联激光器的电子注入和有源区,超晶格结构可以是从下到上层状分布,也可以是从左到右分布,下层为金属层。上表面分布式反馈光栅的周期长度 Λ 满足以下条件:

$$\Lambda = m\lambda / (2n_{\text{eff}}) \tag{11.15}$$

其中,m 为整数,对应布拉格光栅的衍射级次;λ 为发射太赫兹波长;n_{eff} 为光栅有效折射率。一般情况下,m 取值较小,$m=1,2,3$,可以获得稳定的太赫兹单模输出。分布反馈结构也可理解为一维的光子晶体结构。但是,低级衍射分布式反馈结构,特别是 $m=1$ 时分布反馈的太赫兹量子级联激光器发射激光的发散角大。

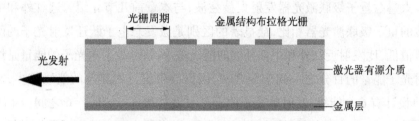

图 11.4　分布反馈光栅太赫兹量子级联激光器表面结构示意图

文献[32]采用 $m=2$ 的分布反馈衍射光栅结构,改善了输出远场花样,同时提高了太赫兹的发射功率。文献[33]采用 $m=3$ 的分布反馈衍射光栅结构,光栅周期为 40.5 μm、42.5 μm、43.5 μm 的情况下,在 GaAs/AlGaAs 量子级联激光器中获得波长为 94 μm、96 μm、97 μm,发散角小于 10° 的太赫兹波输出,其转换效率和输出功率得到提高。

为改善输出光束质量,可对光栅的周期和型式进行改进,如文献[34]采用 $m=2$ 的分布反馈衍射光栅结构,光栅周期尺寸从中心到两端呈递减对称趋势,这种光栅结构能够将对称的辐射模限制在波导中部,实现放大;将反对称的非辐射模推向波导两吸收端,两端因高损耗使得非辐射受到抑制。通过采用这种模式分离结构改善太赫兹输出模式,其效率和功率也得到提高,连续运行输出功率 20~25 mW,最高运行温度提高到 85 K。文献[35]采用非对称的 $m=2$ 与 $m=4$ 混合光栅 DFB 结构,在 $m=2$ 光栅的基础上,加入非对称的 $m=4$ 光栅,结果增加了反对称模的损耗,减小了对称模的损耗,从而大幅度提高了的辐射效率。在 62 K 温度下,激光器的最高输出功率达 170 mW,且远场为单个椭圆光斑。

2. 金属表面等离子体与分布反馈光栅结合的太赫兹量子级联激光器

与单纯的分布反馈光栅结构的太赫兹量子级联激光器不同,利用表面等离子体共振和天线耦合反馈机制,光栅的周期为激光器波长除以工作介质的折射率与环境折射率的和,调整激光器中光波传输方向、损耗,从而减少激光器输出光束发散角,提高激光器的输出功率,周期计算如下:

$$\Lambda = \lambda / (n_a + n_s) \tag{11.16}$$

式中,n_a为激光器工作介质折射率;n_s为环境折射率。

文献[36]采用金属表面等离子体共振与分布反馈光栅结合的太赫兹量子级联激光器,利用方程(11.16)设计太赫兹量子级联激光器,在光栅周期为21 μm,量子级联激光器的材料为GaAs/Al$_{0.10}$Ga$_{0.90}$As,激光器长为1.4 mm,宽为100 μm,发射的电磁波频率为2.9 THz,太赫兹激光光束发散角在上下、左右两个方向均为4°。

3. 二维光子晶体表面结构太赫兹量子级联激光器

为了获得较小的发散角和较好的光束质量,太赫兹量子级联激光器发射表面可采用二维光子结构,如环形分布反馈光栅、光子晶体结构。图11.5为环形分布反馈光栅表面结构太赫兹量子级联激光器示意图。

文献[37]的工作介质为 GaAs/Al$_{0.15}$Ga$_{0.85}$As超晶格结构,在其上表面用电子束蒸镀厚为 15 nm/550 nm 的 Ti/Au 层,通过光刻和刻蚀技术在此表面制作二阶共心环形光栅,其光栅周期为 22.7 μm,其中2 μm 为刻槽,发射太赫兹波的频率为3.75 THz,发射的光束发散角约为 13.5°×7°,其输出功率是同样尺寸的太赫兹量子级联激光器的 5 倍,运行温度 130 K。

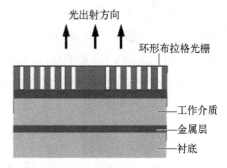

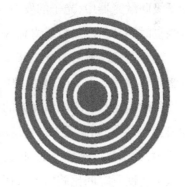

图11.5 环形分布反馈光栅表面结构太赫兹量子级联激光器示意图

文献[38]报道在 GaAs/AlGaAs 太赫兹量子级联激光器的表面制作光子晶体,其太赫兹量子级联激光器的工作介质厚12 μm,工作介质与衬底之间是 Ti/Au 金属层,衬底为 GaAs,工作介质上方为200 nm厚的电子重掺杂 GaAs,这层材料上方是制作光子晶体的 Ti/Au 金属层,光子晶体的周期为36.5 μm,光子晶体的周期与太赫兹发射波长比为0.33,光子晶体的孔隙半径与光子晶体的周期比为 0.22,发射太赫兹波的频率为 2.55 ~ 2.88 THz,利用这种结构获得单模太赫兹波发射,光束发散角小于10°。

11.7.2　提升太赫兹量子级联激光器运行温度

太赫兹量子级联激光器的性能与材料有关,到目前为止都是在低温下运行,报道最高运行温度为 250 K[39],在此文献中,作者认为高温下载流子泄漏是导致运行温度低的原因,所以从势垒设计着手,提升势垒的高度阻止载流子泄漏,并合理设计获得清晰的三能级跃迁分布,从而使得运行温度大幅度提高。

长期以来,大多数太赫兹量子级联激光器以 GaAs/AlGaAs 材料为主体的,文献[40]认为寻找新的材料体系应用于太赫兹量子级联激光器的制备是提高器件工作温度的一个可行方案,并认为氮化镓(GaN)和氧化锌(ZnO)太赫兹量子级联激光器有希望实现室温运行。其出发点是基于纵波声子(LO)散射超晶格结构的运行状态受温度影响小,较大的纵波声子更容易发生 LO 声子散射,更容易减少光子跃迁下能级的粒子数。而 GaN 和 ZnO 材料的纵波声子能量分别是 90 meV、72 meV,远大于 GaAs 的纵波声子能量 36 meV,因此,该文献作者认为 GaN 和 ZnO 体系的太赫兹量子级联激光器有望提升运行温度到常温。

11.8　超短脉冲量子级联激光器

量子级联激光器中,光子的发射是高能粒子在子带间跃迁中产生的,激光器中增益恢复时间与上能级粒子寿命和电子通过异质结构的时间相关,因光学声子散射,载流子弛豫极快,激光器增益恢复时间短,典型值为几皮秒[41],典型量子级联激光器腔长 2~3 mm,光在腔内环绕一周的时间为 40~60 ps,因此,激光器增益恢复时间比量子级联激光器的腔内光束环绕一周时间短一个数量级。在被动锁模激光器中,如果发生这种情况,将阻止稳态的被动锁模发生。在主动锁模激光器中,如果发生这种情况,将会妨碍高强度脉冲的形成[42]。这是因为,如果激光器增益恢复时间比腔内光束环程时间长,那么在激光器中,将只有一个脉冲振荡放大,其他脉冲振荡和放大受到抑制。如果增益恢复时间比腔内光束环程时间短得多,多个脉冲将在腔内传输,脉冲间隔时间近似等于增益恢复时间。特别是如果增益恢复时间比脉冲宽度小,由于增益饱和效益,脉冲峰使得增益饱和。而脉冲的前后沿强度低,其获得较高增益。这过程将拉长脉冲宽度,阻碍锁模,导致连续激光输出。

11.8.1 中红外超短脉冲量子级联激光器

文献[42]合理设计导带结构,使得产生光子的能带间跃迁以斜对角跃迁发生,跃迁能级限制在相邻量子阱的能级间,两阱之间的势垒较厚,如图11.6所示。此外,通过调制电流,控制增益,实现主动锁模,在量子阱为 $Ga_{0.47}In_{0.53}As$、势垒为 $Al_{0.48}In_{0.52}As$ 的激光器中获得脉冲宽度为 3 ps,脉冲能量为 0.5 pJ,波长约 6.3 μm,激光器长 2.6 mm,宽 8~20 μm,调制频率为 17~18 GHz。

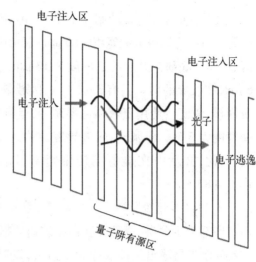

图 11.6 导带子带斜对角跃迁示意图

11.8.2 超短脉冲太赫兹量子级联激光器

超短脉冲太赫兹光源在很多领域有重要应用,目前,太赫兹量子级联激光器中产生超短脉冲有两种方法:一种是通过调制激光器的驱动电流采用主动锁模的方法实现,其调制频率在射频量级,如上述几十 GHz;另一种方法是采用注入种子脉冲,使频率与注入种子脉冲的频率接近的模式起振,其他模式被抑制,实现超短脉冲输出。

1. 主动锁模

文献[43]报道,加工制作一量子级联激光器,激光器长 2.2 mm、宽 102 μm,使用金属-金属波导腔结构,其有源区、顶部和底部掺杂层的总厚度为 13.12 μm,顶部接触层宽度为 96 μm,比波导窄 6 μm,在波导的两侧各有 3 μm 宽的区域暴露,这些区域起吸收的作用,抑制高阶横模,激光器使用氦液体低温制冷,运行温度 19 K。发射波长为 2.5 THz,脉冲宽度为 5 ps。金属-金属波导腔结构的量子级联激光器的出射光束发散角大,为此,该文献中在出射端使用超半球硅透镜改善激光出射。主动调制频率为 16.9948 GHz,获得脉冲宽度为 5 ps。

2. 种子注入

文献[44]报道,设计制作多个 GaAs/AlGaAs 量子级联激光器,激光器的衬底为 GaAs,长 2~4 mm、宽 40~80 μm,激光器顶面和底面均为金属-金属,其有源区、顶部和底部掺杂层的总厚度为 13 μm,顶部接触层宽度为 96 μm,比波导窄 6 μm,在波导的两侧各有 3 μm 宽的区域暴露,这些区域起吸收的作用,抑制高阶横模,激光器使用氦液体低温制冷,运行温度 19 K。发射波长为 2.5 THz,脉冲宽度为 5 ps。金属-金属波导腔结构的量子级联激光器的出射光束发散角大,为此,文献中在出射端使用超半球硅透镜改善激光出射,调制频率为 16.994 8 GHz。

图 11.7 为超短脉冲太赫兹量子级联激光器典型主体结构示意图,其中上表面和底部为金属层,降低光在谐振腔内的损耗,中间为激光器的有源工作介质,左端为激光器输出元件或称为发射头,发射头可以与右侧集成在一起,也可分离。图中没画出外加电流驱动。

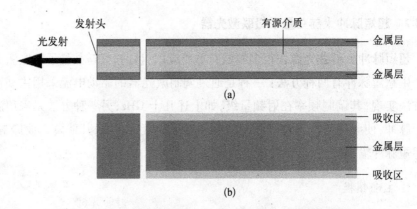

图 11.7   超短脉冲太赫兹量子级联激光器主体结构
示意图:(a) 为主视图;(b) 为俯视图

11.8.3   单周期太赫兹脉冲产生

超短光脉冲是指皮秒或飞秒量级光脉冲,在较短波长激光器中,为获得超短脉冲激光输出,可以利用锁模技术获得皮秒或几百飞秒脉冲,但是要获得几十飞秒,甚至少周期或单周期激光脉冲,除了利用锁模技术外,还需要将脉冲光谱展宽到很宽的光谱范围,再利用色散补偿技术,将脉冲进行压缩才可获得。

太赫兹量子级联激光器中,波长较长,脉冲的压缩机制还不十分清楚,利用主动锁模和注入锁模可以在太赫兹量子级联激光器中获得5 ps以上的超短脉冲输出。如果要获得更短脉冲,如少周期脉冲或单周期脉冲,采用常规脉冲压缩方法不是很有效。文献[45]报道了一种新方法产生少周期脉冲,将中红外波长的飞秒脉冲引入由非对称结构量子阱构成的样品,利用非线性作用,产生单周期太赫兹脉冲。其中非对称结构 $Al_xGa_{1-x}As$ 量子阱的层厚为 13 nm,Al 的含量分 10 步从 0 变化到 0.2,每一步增加 0.02,两量子阱之间为 20 nm 厚的 $Al_{0.35}Ga_{0.65}As$ 的势垒层,量子阱共 20 个,量子阱掺硅,电子浓度达到一定值。样品外形被制作为菱形结构,以便光在样品中为 p 偏振,样品底部镀金,反射入射的光束波,使光沿原来前进的方向向前传输。图 11.8 为其原理结构示意图。

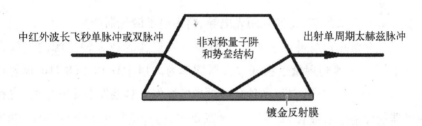

图 11.8 单周期脉冲产生原理图

11.9 太赫兹辐射量子级联放大器

目前太赫兹辐射源的输出功率较低,提高太赫兹辐射强度具有紧迫需要,应用到光放大的原理也可用于太赫兹辐射放大,因为都是电磁波,只是波长或频率不同。光放大主要有行波放大和 F-P 谐振腔放大两种方式。在行波放大中,光一次性通过增益介质出射。在 F-P 放大中,光在谐振腔中产生共振,经多次往返放大后逃逸。其原理图如图 11.9 所示,图 11.9(a)为显示行波放大原理,增益介质两端镀增透膜,光一次性穿过放大介质。图 11.9(b)显示 F-P 谐振腔放大原理,入射端镀高反膜,出射端镀膜允许部分反射。

光放大过程中的太赫兹种子源可以是量子级联太赫兹激光器产生的,也可以是超短光脉冲激发特定的半导体材料产生的,后面这种方式是超短脉冲激发半导体,通过非线性光学效应在其表面产生太赫兹波发射,该方式被广泛研究并有较多应用,但光源通过飞秒脉冲激发的方向性差,效率低,带宽大,强度低。还

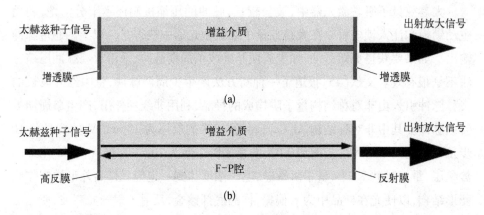

图 11.9　光放大原理图：(a) 行波放大；(b) F-P 谐振腔放大

有其他方式产生太赫兹，比如利用光电导、自由电子激光器产生。

　　这里先介绍超短脉冲激发产生太赫兹波发射作为放大种子源的光放大系统。文献[46]报道利用量子级联放大器频率为 2.14 THz 和 2.68 THz 辐射种子源放大，其种子信号是钛宝石飞秒脉冲激光器激发太赫兹发射体产生的，飞秒脉冲激光器的发射中心波长为 790 nm，脉宽 80 fs，脉冲重复频率为 80 MHz，功率约 80 mW。其放大原理实质是 F-P 谐振腔放大。整个太赫兹放大系统由种子源、量子级联放大耦合腔、射频脉冲控制源组成，其原理如图 11.10 所示。其量子级联放大耦合腔是 GaAs/Al$_{0.15}$Ga$_{0.85}$A 超晶格结构，从下到上设计为三层工作介质结构，对应 3 THz、2.7 THz、2.3 THz 三个发射波长的导带结构，每层的量子级联导带结构为 80 个周期的电子注入和有源区交替构成的模块，在工作介质的底部为掺 Si 的 InAs 层和 GaAs 层，顶部是掺 Si 的 GaAs 层，在它们的下方和上方再制作 Ti/Au 金属电极结构，上、下金属电极间的量子级联放大器可称为金属波导结构放大器，它们整体制作在 GaAs 衬底上。此外，光放大器上还设有射频控制机构，连接外加射频脉冲电源，射频源的调制频率与飞秒脉冲激光器的重复率匹配，此放大过程依赖于超快增益开关机制，实现了放大系数为 21 dB 的太赫兹脉冲放大输出。

　　利用超短光脉冲激发、自由电子激光器等产生的太赫兹辐射作为放大种子源的放大系统，其结构庞大，不适宜光子集成系统。量子级联太赫兹激光器产生的太赫兹辐射，方向性好，相干性强，强度高，可以直接利用量子级联太赫兹激光器产生的太赫兹辐射作为种子源，替代图 11.10 中前面的钛宝石飞秒脉冲激光

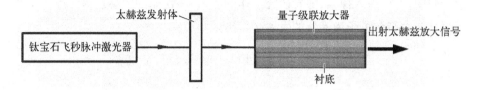

图 11.10 以超短脉冲激发产生的太赫兹发射作为种子
信号的太赫兹量子级联放大系统原理示意图

器和太赫兹发射体两个单元,即在后面的结构中增加一级或多级量子级联放大
器,可以获得更高强度或更大能量的太赫兹辐射脉冲输出,如图 11.11 所示。还
可利用连续量子级联太赫兹激光器作为种子源,加入放大的量子级联放大器中,
获得连续的放大的太赫兹辐射输出。

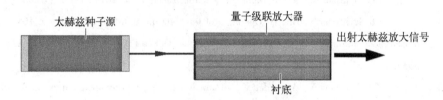

图 11.11 以太赫兹量子级联激光器发射作为种子信号的
太赫兹量子级联放大系统原理示意图

11.10 小 结

本章从量子级联激光器能带结构设计、现有激光材料和制造技术、激光谐振
腔结构设计、激光输出方式、波长调谐技术和光子集成技术以及量子级联激光器
的特性参数等几个方面介绍了量子级联激光器,还引入了代表性的实例,介绍了
太赫兹量子级联激光器产生超短脉冲的主动锁模和注入锁模原理和机制,并简
要介绍了太赫兹量子级联光放大器的原理结构和运行机制。

量子级联激光器中,产生和发射光子是在有源区导带的子带之间发生电子
能级跃迁的,跃迁能级差低,因而产生的单光子频率低,对应发射光波长长,量子
级联激光器成为太赫兹辐射的理想开发源。目前太赫兹量子级联激光器处于研
发阶段,提升太赫兹量子级联激光器运行温度到常温,使此激光器从实验室到实
际应用是当务之急。现阶段,太赫兹量子级联激光器产生超短脉冲的机制还不

十分明朗,有待深入探索,随着研究工作的深入,高性能的太赫兹辐射源,特别是超短脉冲太赫兹量子激光器的发展必将迅猛。

参 考 文 献

[1] Faist J, Capasso F, Sivco D L, et al. Quantum cascade laser. Science, 1994, 264(5158):
        553 -556.

[2] Lyakh A, Maulini R, Tsekoun A, et al. 3 W continuous-wave room temperature single-facet
        emission from quantum cascade lasers based on nonresonant extraction design approach.
        Applied Physics Letters, 2009, 95(14): 141113.

[3] Botez D, Shin J C, Kirch J D, et al. Multidimensional conduction band engineering for
        maximizing the continuous wave CW wallplug efficiencies of mid-infrared quantum cascade
        lasers. IEEE Journal of Selected Topics in Quantum Electronics, 2013, 19(4): 1200312.

[4] Williams B S, Kumar S, Huo Q. Operation of terahertz quantum-cascade lasers at 164 K in
        pulsed mode and at 117 K in continuous-wave mode. Optics Express, 2005, 13(9): 3331 -
        3339.

[5] Teissier R, Baranov N, Marcadet X, et al. Room temperature operation of InAs/AlSb
        quantum-cascade lasers. Applied Physics Letters, 2004, 85: 167 - 169.

[6] Botez D, Kirch J D, Boyle C, et al. High-efficiency, high-power mid-infrared quantum
        cascade lasers. Optical Materials Express, 2018, 8(5): 1378 - 1398.

[7] Combelli R, Capasso F, Gmachl C, et al. Far-infrared surface-plasmon quantum-cascade
        lasers at 21.5 μm and 24 μm wavelengths. Applied Physics Letters, 2001, 78(18): 2620 -
        2622.

[8] Chastanet D, Lollia G, Bousseksou A, et al. Long-infrared InAs-based quantum cascade
        lasers operating at 291 K ($\lambda = 19$ μm) with metal-metal resonators. Applied Physics Letters,
        2014, 104(2): 021106.

[9] Baranov A N, Bahriz M, Teissier R. Room temperature continuous wave operation of InAs-
        based quantum cascade lasers at 15 μm. Optics Express, 2016, 24(16): 18799 - 18806.

[10] Baranov A N, Nguyen-Van H, Loghmari Z, et al. Ouantum cascade lasers grown on silicon.
        Scientific Reports, 2018, 8: 7206.

[11] Khler R, Tredicucci A, Beltram F, et al. Terahertz semiconductor-heterostructure laser.
        Nature, 2002, 417(6885): 156 - 159.

[12] Belkin M A, Capasso F, Belyanin A, et al. Terahertz quantum-cascade-laser source based on
        intracavity difference-frequency generation. Nature Photonics, 2007, 1(5): 288 - 292.

[13] Liu Z, Wasserman D, Howard S S, et al. Room-temperature continuous-wave quantum cascade lasers grown by MOCVD without lateral regrowth. IEEE Photonics Technology Letters, 2006, 18(12): 1347 − 1349.

[14] Wang C A, Schwarz B, Siriani D F, et al. MOVPE growth of LWIR AlInAs/GaInAs/InP quantum cascade lasers: Impact of growth and material quality on laser performance. IEEE Journal of Selected Topics in Quantum Electronics, 2017, 23(6): 1200413.

[15] Xie F, Caneau C, Leblanc H P, et al. Watt-level room temperature continuous-wave operation of quantum cascade lasers with $\lambda > 10$ μm. IEEE Journal of Selected Topics in Quantum Electronics, 2013, 19(4): 1200407.

[16] Fei T, Zhai S Q, Zhang J C, et al. High power $\lambda \sim 8.5$ μm quantum cascade laser grown by MOCVD operating continuous-wave up to 408 K. Journal of Semiconductors, 2021, 42 (11): 112301.

[17] 庞磊, 程洋, 赵武, 等. 基于 MOCVD 生长的 4.6 μm 中红外量子级联激光器. 红外与激光工程, 2022(6): 179 − 184.

[18] Botez D, Chang C, Mawst L J. Temperature sensitivity of the electro-optical characteristics for mid-infrared ($\lambda = 3 − 16$ μm)-emitting quantum cascade lasers. Journal of Physics D: Applied Physics, 2016, 49: 043001.

[19] Mawst L J, Botez D. High-power mid-infrared ($\lambda \sim 3 − 6$ μm) quantum cascade lasers. IEEE Photonics Journal, 2022, 14(1): 1508025.

[20] Radosavljevic S, Radosavljevic A, Schilling C, et al. Thermally tunable quantum cascade laser with an external germanium-on SOI distributed Bragg reflector. IEEE Journal of Selected Topics in Quantum Electronics, 2019, 25(6): 1200407.

[21] Yao Y, Liu Z, Hoffman A J. Voltage tunability of quantum cascade lasers. IEEE Journal of Quantum Electronics, 2009, 45(6): 730 − 736.

[22] Suchalkin S, Belenky G, Belkin M A. Rapidly tunable quantum cascade lasers. IEEE Journal of Selected Topics in Quantum Electronics, 2015, 21(6): 1200509.

[23] Li J, Sun F, Jin Y, et al. Widely tunable single-mode slot waveguide quantum cascade laser array. Optics Express, 2021, 30(1): 629 − 640.

[24] Montoya J, Wang C, Goyal A, et al. Integration of quantum cascade lasers and passive waveguides. Applied Physics Letters, 2015, 107(3): 031110.

[25] Jung S, Palaferri D, Zhang K, et al. Homogeneous photonic integration of mid-infrared quantum cascade lasers with low-loss passive waveguides on an InP platform. Optica, 2019, 6 (8): 1023 − 1030.

[26] Spott A, Stanton E J, Torres A, et al. Interband cascade laser on silicon. Optica, 2018, 5

　　　　　　(8): 996 - 1005.

[27] Pierscinski K, Kuzmicz A, Pierscinska D, et al. Optimization of cavity designs of tapered AlInAs/InGaAs/InP quantum cascade lasers emitting at 4.5 μm. IEEE Journal of Selected Topics in Quantum Electronics, 2019, 25(6): 1901009.

[28] Feng T, Shterengas L, Hosoda T, et al. Passive mode-locking of 3.25 μm GaSb-based cascade diode lasers. ACS Photonics, 2018, 5: 4978 - 4985.

[29] Kohler R, Tredicucci A, Beltram F, et al. Terahertz semiconductor-heterostructure laser. Nature, 2002, 417(6885): 156 - 159.

[30] Bosco L, Franckie M, Scalari G, et al. Thermoelectrically cooled THz quantum cascade laser operating up to 210 K. Applied Physics Letters, 2019, 115: 010601.

[31] Williams B S, Kumar S, Callebaut H, et al. Terahertz quantum-cascade laser at $\lambda \approx 100$ μm using metal waveguide for mode confinement. Applied Physics Letters, 2003, 83(11): 2124 -2126.

[32] Kumar S, Williams B S, Qin Q, et al. Surface-emitting distributed feedback terahertz quantum-cascade lasers in metal-metal waveguides. Optics Express, 2007, 15(1): 113 - 128.

[33] Amanti M I, Fischer M, Scalari G, et al. Low-divergence single-mode terahertz quantum cascade laser. Nature Photonics, 2009, 3(10): 586 - 590.

[34] Xu G, Li L, Isac N, et al. Surface-emitting terahertz quantum cascade lasers with continuous-wave power in the tens of milliwatt range. Applied Physics Letters, 2014, 104 (9): 091112.

[35] Jin Y, Gao L, Chen J, et al. High power surface emitting terahertz laser with hybrid second- and fourth-order Bragg gratings. Nature Communication, 2018, 9: 1407.

[36] Wu C, Khanal S, Reno J L. Terahertz plasmonic laser radiating in an ultra-narrow beam. Optica, 2016, 3(7): 734 - 740.

[37] Liang G, Liang H, Zhang Y, et al. Low divergence single-mode surface-emitting concentric-circular-grating terahertz quantum cascade lasers. Optics Express, 2013, 21(26): 31872 - 31882.

[38] Chassagneux Y, Colombelli R, Maineult W, et al. Electrically pumped photonic-crystal terahertz lasers controlled by boundary conditions. Nature, 2009, 457: 174 - 178.

[39] Khalatpour A, Paulsen A K, Deimert C, et al. High-power portable terahertz laser systems. Nature Photonics, 2020, 15(1): 16 - 20.

[40] 杨思嘉,黎华,曹俊诚.基于新材料体系的太赫兹量子级联激光器研究展望.中国科学, 2021,51(5): 054211.

[41] Choi H, Norris T B, Gresch T, et al. Femtosecond dynamics of resonant tunneling and superlattice relaxation in quantum cascade lasers. Applied Physics Letters, 2008, 92(12): 122114 – 122117.

[42] Wang C Y, Kuznetsova L, Gkortsas V M, et al. Mode-locked pulses from mid-infrared Quantum Cascade Lasers. Optics Express, 2009, 17(15): 12929 – 12943.

[43] Mottaghizadeh A, Gacei D, Laffaille P, et al. 5-ps-long terahertz pulses from an active-modelocked quantum cascade laser. Optica, 2017, 4(1): 168 – 171.

[44] Bachmann D, Rosch M, Suess M J, et al. Short pulse generation and mode control of broadband terahertz quantum cascade lasers. Optica, 2016, 3(10): 1087 – 1094.

[45] Runge M, Kang T, Biermann K, et al. Mono-cycle terahertz pulses from intersubband shift currents in asymmetric semiconductor quantum wells. Optica, 2021, 8(12): 1638 – 1641.

[46] Bachmann D, Leder N, Rosch M, et al. Broadband terahertz amplification in a heterogeneous quantum cascade laser. Optics Express, 2015, 23(3): 3118 – 3125.

第12章 半导体量子点激光器和量子光源

量子点的尺寸在三个维度上与电子的德布罗意波长或电子平均自由程相近或比拟,电子在材料中的运动受到限制,由于这种限制,电子能态分布离散和量子化。量子点(quantum dot, QD)激光器的增益区由母体材料和组装在其中的量子点构成,在外加电压或光泵浦下,激光跃迁上、下能级粒子数反转,处于激发态高能级粒子跃迁到低能级发射光子,在谐振腔内与其他光子共振,实现光放大并输出激光。同常规半导体激光器相比,量子点激光器具有突出优点,量子点激光器的阈值电流低,激光器可高速调制,高温下运行稳定,增益线宽较窄,在高速光通信、光互连、光探测和其他领域有重要的应用。

本章介绍量子点激光器中量子点能级结构、半导体量子点制备技术、量子点激光器设计和光子集成技术等,随后简要介绍半导体量子点单光子源和纠缠双光子源。

12.1　量子点激光器中量子点能级结构

量子点的能级分布直接关系到激光器的发射波长,文献[1]与文献[2]对自组装 InAs/GaAs 单个量子点建立金字塔结构模型,如图 12.1 所示。量子点底部为 InAs 浸润层,浸润层厚度为单个原子单层或几个原子单层的厚度,浸润层上方为 InAs 量子点,浸润层下方为 GaAs。在这两篇文献中,作者采用三维薛定谔方程对量子点的电子、空穴态密度和能级进行模拟,结果显示量子点的电子和空穴能级离散分布,它们不仅与量子点的几何尺寸,即金字塔的底边长度和高度密切有关,还受量子点浸润层厚度的影响。

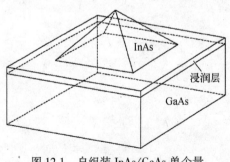

图 12.1　自组装 InAs/GaAs 单个量子点金字塔结构模型

图 12.2 是底座的长和宽为 12 nm、浸润层厚为 1.7 nm 的 InAs 量子点的电

子和空穴能级分布模拟结果[1],图上方为电子能级分布,下方为重空穴能级分布,量子点 InAs 中与浸润层中的电子和空穴能级不连续,即能量不同。与本征 InAs、GaAs 半导体的电子导带和价带能级比较,电子导带和价带发生了明显变化。

量子点的光子发射是其激发态电子能级跃迁到低能态产生的,受量子点的几何结构和材料的物理性质影响,还与量子点掺杂浓度相关。理论上,在制备量子点的过程中,可以控制量子点生长过程,从而控制量子点的电子能级和光子发射波长,但实际制备过程中,量子点的形状和尺寸不均匀,不

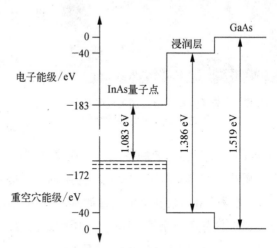

图 12.2 底座为 12 nm、浸润层为 1.7 nm 厚的 InAs 量子点的电子和空穴能级分布模拟结果[1]

仅形状有差异,如量子点呈现球形、圆柱形、多边形等,而且同种结构的大小也有差异,量子点的能级出现波动,各量子点光子发射波长也不相同。

12.2 半导体量子点激光器材料和制备技术

半导体量子点激光器的核心是量子点,有多种方法制备量子点。量子点的典型制备方法如下。

一是薄膜结构材料生长与微细加工技术相结合的方法,即采用 MBE 或 MOCVD 技术在图形化衬底上进行选择性外延生长,结合高空间分辨电子束直写、干法或湿法刻蚀技术,制备出量子点结构,然后再进行包层外延生长。也有利用半导体材料的制备工艺,在量子阱材料上直接刻蚀纳米尺度的量子点结构。这种方法的优点是量子点的尺寸、形状和密度可控,但由于加工带来的界面损伤和工艺过程引入的杂质污染等,使器件性能与理论的预测值相差甚远。图 12.3 为材料生长与微细加工技术结合制作的量子点结构和分布示意图,其大小均匀,结构规则,但由于加工工艺限制,不能确保三维尺寸均在量子点尺寸范围。文献 [3]报道,利用有机金属气相外延(organometallic vapor phase epitaxy)技术生长厚

图 12.3 薄膜生长与微细加工技术结合制备的量子点规则形状结构

度为 15 nm 左右的量子阱层,通过全息光刻技术和湿刻工艺制备出长度和宽度小于 100 nm 的三维立方体结构,其后继续生长势垒结构和其他膜层,制备出三维结构量子点。对该量子点注入电流,实现了光发射。

二是量子点自组装制备法。量子点自组装制备法又称 S－K(Stranski-Krastanow)生长自组装制备法[4]。在这种制备方法过程中,初始阶段材料在衬底上层状生长,随着层厚的增加,薄层的应变能不断增加,当达到某一临界厚度时,外延生长由二维层状生长过渡到三维岛状生长,如图 12.4 所示。这个临界厚度通常只有几个原子层厚,这薄层称之为浸润层。自组装量子点的形成过程实际是外延层应变弛豫和应变能降低的过程。三维岛生长形成纳米量级尺寸的小岛,周围无位错,若用禁带宽度大的材料将其包覆起来,小岛中的载流子运动受到三维限制,即成为量子点。继续生长制作超晶格结构,超晶格结构可以是垂直对准,也可以是斜对准的。重复上述的生长过程,即可制作多层量子点结构。S－K 生长模式得到的量子点具有尺寸小、无污染特征,S－K 生长适用于晶格失配较大,但表面、界面能不是很大的异质结材料体系。

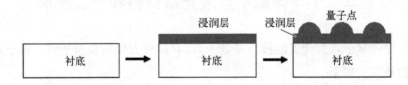

图 12.4 利用 S－K 生长模式制备量子点的过程示意图

量子点自组装法可分表面生长自组装和材料内部自组装两种方式。表面生长方式,例如:以 GaAs 作为衬底,在其表面自组装生长 GaSb 量子点;以 GaP 作为衬底,在其表面自组装生长 InP 量子点;GaAs 作衬底的 InGaAsN 量子点自组装。表面生长还有种子生长法,在这种方法中,事先沉积密度较高且均匀分布的点结构作为核心,再利用这些核心和量子点的竖直自对准效应生长量子点的复合结构。

在材料内部生长量子点的自组装方式中,以基材作为母体,量子点在母材内

部生长,而非表面生长。这种方式制备量子点的范例有:以 AlGaAs 作为母材,
内部生长 InGaAsN 量子点制备;以 InGaAs/InP 作为母材,内部生长 InAs 量子
点;以 GaAs 为母材,内部生长 InAs 或 InGaAs 量子点。

　　早期用于异质半导体激光器结构的量子点材料主要是基于 Si 衬底的 Ge 材
料和 GaAs 作为衬底的 InAs,两者的位错在 4% 和 7% 左右,目前有很多半导体材
料的组合用于制作量子点激光器,在 Si 衬底上直接外延Ⅲ-Ⅴ族材料是解决硅
基光电集成的理想技术方案,可面向大规模生产。纳米尺度的零维量子点结构
对位错不是十分敏感,适合于制备硅基半导体激光光源,硅基量子点激光器成为
当前半导体激光器领域的研究热点。

12.3　半导体量子点激光器结构

12.3.1　法布里-珀罗谐振腔量子点激光器

　　基于应变自组装量子点法布里-珀罗(Fabry-Perot, FP)谐振腔量子点激光
器在 1994 年就有报道[5],它是在 AlGaAs/GaAs 折射率梯度结构中加入 InGaAs/
GaAs 单层量子点制成的,谐振腔由两端的解理面构成,无镀膜,外形结构为条
形,腔长 1 mm,超低温(77 K)下运行,工作波长为 0.95 μm。随后几年,量子点激
光器快速发展,多种材料、波长和室温运行的量子点激光器相继出现,波长为
1.3 μm 和 1.55 μm 的连续和脉冲量子点激光器相继出现[6,7]。

　　文献[8]报道波长为 1.5 μm 的连续和脉冲量子点激光器,增益区由 6 个
InAs 量子点结构层组成,每个量子点结构层中的量子点层被 40 nm 厚的
InGaAsP 势垒层覆盖,增益区由气体源分子束外延法制备,量子点的宽度为
20 nm,厚度为 2.3 nm,衬底为掺 S 的 InP 基片,量子点的荧光发射峰值波长为
1.54 μm,激光器的谐振腔由解理面构成,腔长 200~1 500 μm,增益区波导的宽
度为 2~5 μm,运行温度 20~90℃,特征温度 56 K,输入电流小于 200 mA,取得最
大功率 17 mW。激光器的发射波长随注入电流变化,在脉冲运行情况下取得增
益 64 cm^{-1}。

12.3.2　分布反馈量子点激光器

　　分布反馈量子点激光器可以获得窄线宽激光输出,文献[9]报道硅衬底、室

温运行、电驱动、波长 1.3 μm 的 InAs/GaAs 量子点激光器,激光器的增益区由 7 个量子阱和量子点单层构成,每个单层由 3 个 InAs 量子阱层和下方为 2 nm、上方为 6 nm 的 $In_{0.15}Ga_{0.85}As$ 组成,两单层之间用 50 nm 厚的 GaAs 材料隔离。单个激光器连续输出功率超过 0.5 mW,脉冲输出时,在脉冲宽度 1 μs、占空比 1% 的平均功率超过 1.5 mW。

分布反馈激光器的突出优点是可以对激光器输出波长进行选择,即纵模选择,其机理是满足布拉格条件的波长的光在光栅中会发生反射,改变布拉格光栅的折射率,其反射波长会发生改变,因此,可以通过温度控制调节布拉格光栅的折射率,从而实现激光器的波长调谐。

12.3.3　垂直腔表面发射半导体量子点激光器

侧向输出半导体激光器通常发散角大、输出光束形状不对称,光斑形状不规则。如第二章所述,垂直腔表面发射激光器的出射光从表面发射,发射的光斑形状和模式较好,其发射光斑形状可被控制为圆形,发散角小,在集成系统中激光器的方向性灵活,特别是小发散角和圆形光斑可大大提高光子集成系统中各元件的耦合效率,减少集成光子芯片的功耗,降低发热引起的噪声和串扰,并可避免其他问题。

垂直腔表面发射半导体量子点激光器除了有源层与常规垂直腔表面发射激光器的有源层不同外,其他结构基本相同,量子点层的上、下方为高反射率的分布布拉格(DBR)反射镜,用作谐振腔;中间是光学厚度为波长整数倍共振腔,共振腔中心为量子点增益层;谐振腔与上、下 DBR 连接处为约束层,用于限制电流在一定区域流动,控制光在指定范围内传输,这种约束层结构提高了载流子注入效率,可降低激光器的阈值电流,同时控制输出光斑形状,可实现规则形状光斑输出。对于 InAs 量子点激光器,限制层为高铝组分氧化物。

量子点的发光波长与量子点的尺寸和材料相关,以金字塔结构的 InAs/GaAs、InGaAs/GaAs 量子点为例,其典型尺寸为:底部长和宽均为 20 nm,高10 nm,发射的波长为 1.3 μm。很多量子点激光器有源区采用阱内点(dot-in-well, DWELL)结构,即量子点在量子阱中的结构,这种结构的量子点具有较高的面密度,将多层量子点堆垛起来可以提高量子点激光器的增益,还可增加激光器的内部量子效率。

高效率光泵浦垂直腔表面量子点激光器可见文献[10],其中有源区由 24

个量子点层构成,量子点层由 1.8 nm 厚的 InGaAs 量子点层和 InAs、$In_{0.2}Ga_{0.8}As$ 包层构成,有源层总厚度为 2.4 μm,当此激光器用波长为 808 nm 的激光器泵浦时,其斜效率达 35%,输出波长为 1 030 nm。

波长为 1.3 μm 的 InAs-GaAs 垂直腔表面发射量子点激光器在文献[11]中报道,此激光器的衬底是 n^+ 型 GaAs,量子点增益区下方是 33.5 对 $Al_{0.9}Ga_{0.1}As$/GaAs 交替层构成的 n 型分布反馈布拉格反射镜,量子点增益区上方是 24 对 $Al_{0.9}Ga_{0.1}As$/GaAs 交替层构成的 p 型分布反馈布拉格高反射镜。量子点增益区由 17 个量子点结构层组成,增益区的光学厚度为 3 个波长,每一个量子点结构层为:InAs 量子点直接生长在 GaAs 层上,量子点层由 6 nm 厚的 $In_{0.15}Ga_{0.85}As$ 势垒层包覆,其上沉积 5 nm 厚的 GaAs 层,接着沉积 5 nm 厚的 p 型 GaAs 层(掺杂浓度为 $5×10^{17}$ cm^{-3}),在其上再沉积 12 nm 厚的 GaAs 层,沉积 5 nm 厚的 p 型 GaAs 层(掺杂浓度为 $5×10^{17}$ cm^{-3}),其上沉积 5 nm 厚的 GaAs 层。随后生长下一个相同结构的量子点层,相邻两个量子点层被厚度为 32 nm 的 GaAs 层隔离。p 型分布布拉格高反射镜与量子点增益区之间有 12 nm 厚的 AlAs 氧化电流约束层,约束孔径 10 μm。激光器在 5 mA 的注入电流下取得 0.7 mW 的功率。

垂直腔表面发射量子点激光器有不少报道[12-15],其性能不断改进,功率不断提高,输出波长进一步拓展,有较好的发展势头和应用场景。

12.3.4 微环和微盘半导体量子点激光器

微环激光器体积小,应用在集成光子系统中有诸多优势,文献[16]报道硅基微环量子点激光器。其核心是总厚度为 332 nm 的量子点有源区,有源区由 5 个量子点单层和隔离层组成,每个单层由厚度约为 30 nm 的 InAs/InAlGaAs 量子点结构和厚度为 30 nm 的 $In_{0.515}Al_{0.3}Ga_{0.185}As$ 隔离层构成,其制作过程是直接在硅衬底上生长超晶格材料和制作量子点层,然后通过诱导耦合等离子体刻蚀制作微环结构,最后制作金属层电极结构。激光器的尺寸只有约 50 μm,激光器的阈值电流为 50 mA,输出功率达 1 mW,激光波长位于 1.5 μm 波段,其运行温度达 70℃。

2019 年直径仅为 1.1 μm 和 2 μm 微盘半导体 InAs/GaAs 量子点激光器被报道,它们是直接生长在 Si(001)衬底上的,其制备流程如下:首先在 Si(001)衬底上沉积 400 nm 厚的 GaAs 薄膜,激光器的有源区由 3 个量子点单层和隔离层组成,每个单层由厚度约为 8 nm 的 InAs 量子点、$In_{0.15}Ga_{0.85}As$ 量子阱结构和厚度为 50 nm 的 GaAs 隔离层组成,有源层夹在两边为 69 nm 厚的 $Al_{0.4}Ga_{0.6}As$ 包层中间,顶部为 10 nm 厚的 GaAs 过渡层。微盘激光器的制作在文献中有详细报道[17]。当此微盘激光器用 632.8 nm He-Ne 激光器泵浦时,获得峰值波长为 1 263 nm 激光输出,当对 1.1 μm 微盘半导体 InAs/GaAs 量子点激光器的输出特性进行测试,其阈值泵浦功率低至 3 μW。微环和微盘半导体量子点激光器因其体积小,阈值电流或阈值泵浦功率低,为大规模、低成本地将光源集成到硅基集成光子系统上提供了便利。

12.4　半导体量子点激光器的特性

12.4.1　侧向发射半导体量子点激光器

图 12.5 为一侧向发射半导体量子点激光器典型结构示意图,每个单层由均匀分布的量子点和势垒材料构成,量子点为 S-K 法制备的自组装结构。激光器上方为 p-型接触层和金属电极,p 型包层与量子点之间的过渡层是量子点的包覆层,起势垒作用。量子点单层由量子点和量子点的包覆层构成,每个单层厚度相同,依据材料和结构变化,为多层。量子点激光器的特征参数由以下方程进行描述。

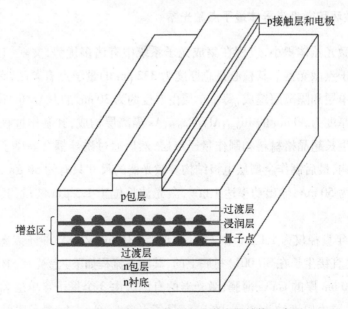

图 12.5　侧向发射半导体量子点激光器结构示意图

量子点激光器的电光转换效率 η_c 为输出激光功率 P_{out} 与激光器输入电功率的比值,可用下式近似计算:

$$\eta_c \approx \frac{P_{out}}{IV_0 + I^2 R_{series}} \tag{12.1}$$

$$I = I_{th} + \frac{P_{out}}{\eta_{slope}} \tag{12.2}$$

其中,I 为激光器的驱动电流;I_{th} 为阈值电流;V_0 为二极管截止电压;R_{series} 为激光器的串联电阻;η_{slope} 为激光器的斜效率,也称为微分效率。阈值电流、串联电阻和斜效率随腔长的变化而变化。

常规半导体激光器运行过程中输入的电能一部分转化为激光,余下的基本上转化为热能,导致激光器内温度升高。当温度升高到一定值时,在体结构半导体激光器和量子阱激光器中输出激光功率会出现热翻转现象,即增加电流,输出功率下降,转换效率降低。半导体量子点激光器因态密度函数发生变化,对温度敏感性大大降低,但是超过一定值,输出激光功率也会出现热翻转,因此有必要对其温升进行分析。运行的半导体量子点激光器内的温度升高值 ΔT 可由下式计算:

$$\Delta T = P_{loss} R_{thmal} \tag{12.3}$$

式中,$R_{thermal}$ 为激光器热阻;P_{loss} 为激光器的热耗散,由下式计算获得:

$$P_{loss} = P_{in} - P_{out} \tag{12.4}$$

式中,P_{in} 为输入电功率,用下式近似计算:

$$P_{in} \approx IV_0 + IR_{series}^2 = \left(\frac{P_{out}}{\eta_{slope}(T)} + I_{th}(T) \right) V_0 + \left(\frac{P_{out}}{\eta_{slope}(T)} + I_{th}(T) \right)^2 R_{series} \tag{12.5}$$

其中,$\eta_{slope}(T)$、$I_{th}(T)$ 为温度 T 时激光器的斜效率和阈值电流,将以上三式进行整理得

$$\Delta T = R_{thmal} \left[\left(\frac{P_{out}}{\eta_{slope}(T)} + I_{th}(T) \right) V_0 + \left(\frac{P_{out}}{\eta_{slope}(T)} + I_{th}(T) \right)^2 R_s - P_{out} \right] \tag{12.6}$$

12.4.2　垂直腔表面发射半导体量子点激光器

　　垂直腔表面发射半导体量子点激光器如图 12.6 所示,其运行特性与侧面发射量子点激光器类似,为实现激光输出,无论在光泵浦还是在电泵浦的情况下,必须满足粒子数反转条件,但是垂直腔的增益和耗损不能简单地直接套用侧面发射激光器的计算公式,因为垂直腔的有效腔长 L_{ceff} 比增益区的几何长度长,它延伸到分布反馈腔镜区域,如图 12.6 中标注的谐振腔有效长度所示。

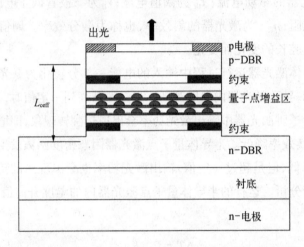

图 12.6　垂直腔表面发射半导体量子点激光器结构示意图

　　这里先计算谐振腔内光学约束因子:

$$\Gamma_T = \frac{\int_{-H_{qd}/2}^{+H_{qd}/2} \mid E_{opt}(z) \mid^2 dz}{\int_{-\infty}^{+\infty} \mid E_{opt}(z) \mid^2 dz} \approx \frac{\sum_{j=1}^{N_{qd}} \mid E_{opt}^{qd} \mid_j^2}{\int_{-\infty}^{+\infty} \mid E_{opt}(z) \mid^2 dz} \tag{12.7}$$

式中,$\mid E_{opt}^{qd} \mid_j^2$ 为量子点层位置光场振幅;N_{qd} 为量子点层数。量子点增益区最大有效增益计算式为

$$g_{max}^{mat} = \frac{g_{max}^{mod}}{\Gamma_T} \tag{12.8}$$

式中,g_{max}^{mod} 为量子点测量的最大模式增益,单层量子点的材料增益用下式计算:

$$g_{max1}^{mat} = \frac{g_{max}^{mat}}{N_{qd}} \tag{12.9}$$

垂直腔表面发射激光器腔内损耗,不仅包含增益区内自由载流子吸收、光散射引起的损耗,而且还包含有效腔长内因不同掺杂浓度和载流子浓度引起的各种损耗,也包含靠近导波层布拉格反射镜内散射、衍射和吸收引起的损耗。垂直腔表面发射激光器的阈值条件可由下式计算:

$$G = A_{\text{int}} + T_m \qquad (12.10)$$

其中,G 为谐振腔内单程增益;$T_m = \ln(1/\sqrt{R_1 R_2})$,$R_1$、$R_2$ 分别为激光器的两布拉格反射镜的反射率;A_{int} 是激光器腔内单程损耗,按下式计算:

$$A_{\text{int}} = \langle \alpha_{\text{ceff}} \rangle L_{\text{ceff}} \qquad (12.11)$$

式中,$\langle \alpha_{\text{ceff}} \rangle$ 为整个垂直腔表面发射激光器结构内的有效内部损耗,它包含谐振腔和布拉格反射镜内损耗。

激光器输出波长满足下式:

$$\lambda_m = 2n L_{\text{ceff}}/m, \quad m = 1, 2, \cdots, m_c \qquad (12.12)$$

式中,m 为整数;L_{ceff} 为有效腔长度;m_c 为最大纵模数,即最多波长数。

激光器的外部微分效率为

$$\eta_{\text{dif}} = \eta_{\text{inj}} \frac{T_m}{T_m + A_{\text{int}}} \qquad (12.13)$$

其中,η_{inj} 为注入电流效率。激光器的输出功率 P_{out} 可用下式计算:

$$P_{\text{out}} = \frac{h\gamma}{q} \frac{\sqrt{R_2}}{\sqrt{R_1} + \sqrt{R_2}} \frac{1 - \sqrt{R_1}}{1 - \sqrt{R_1 R_2}} (I - I_{\text{th}}) \eta_{\text{dif}} \qquad (12.14)$$

I_{th} 为激光器在阈值条件下的注入电流,即阈值电流;q 为单个电子的电荷量。

12.4.3 半导体量子点激光器优缺点

1. 低阈值电流

半导体量子点激光器的阈值电流低,阈值电流是激光器实现激光输出的最小电流,低阈值电流意味着在较低的电输入功率下可实现激光输出。一般情况下,阈值电流低,激光器的工作电流也低,因而激光器的功耗低,发热量低,在相同冷却环境下,激光器运行温度就低,有助于激光器的运行。

2. 高温稳定

与其他激光器相比较,量子点激光器可在较高的温度下稳定运行。有报道量子点激光器在 120℃下仍稳定运行,而常规半导体激光器在运行温度超过50℃的情况下会出现波长漂移。通常情况下,激光器的温度升高,输出波长增长,即红移,当激光器输出功率下降,就出现热翻转现象。这是因为温度升高导致半导体中载流子运动加剧,激光器中反转集居数下降,处于激光跃迁下能级的载流子能量升高,激光跃迁能级差发生变化,导致半导体激光器转换效率下降。量子点激光器的温度特性决定了激光器运行的稳定性,也决定了它们的应用场景。高温下如果运行稳定,可以使激光器应用在恶劣的温度环境中。如果激光器可以在无制冷的情况下工作,就可以减少激光器的温度控制元件,进而大幅度减少激光器模块的尺寸和功耗。高工作温度稳定性更是激光器良好工作的保证,也是量子点激光器一个非常令人期待的特性,但目前量子点激光器温度稳定性与理论结果相差较大,即在高温下,量子点激光器的波长出现漂移,输出功率下降。针对这个问题,人们投入不少资源,进一步探索。

3. 高调制速率

量子点激光器具有高的调制速率,量子点中更快的载流子动力学过程使得激光器的调制速率提高,此外量子点具有高增益和大的非线性增益压缩因子,与量子阱激光器中增益情况不同。高的调制速率对通信系统中信号传输流量、误码率有重要影响。

4. 抗反射特性

激光器在光路系统中,由于外部反射,输出的激光有可能返回到激光器的谐振腔内,其他外部光束也有可能传入激光器,这些光束在激光器内引入噪声。如果这些光束参与激光器谐振腔内的光放大,会造成激光噪声强度增加、线宽加宽,强光经放大后还可能损伤激光器元件。在某些系统中,如通信、光互连系统中导致系统稳定性下降。为避免激光器外部反射回来的光带来负面影响,在很多光源结构中引入光学隔离器,减少光后向反射和干扰。引入光学隔离器增加了系统的复杂性,也增加了系统的制造成本。量子点激光器展现出较强的抗反射特性,可在量子点激光器中减少甚至完全去掉光学隔离器的使用,不仅大大降低系统的封装成本和复杂度,还提升了系统的稳定性。文献[18]报道对直接生长在硅衬底上的 InAs/GaAs 量子点激光器的返回光从 0~100% 时进行测试,激光器运行参数和状态稳定,几乎不受影响。

12.5 硅基集成

12.5.1 硅基混合集成

键合技术通过键合工艺将Ⅲ-Ⅴ族激光器与硅衬底结合在一起,是目前半导体电子工业领域常用的一种集成方案。文献[19]报道通过键合技术将硅波导与 InAs/GaAs 量子点激光器中量子点下方的包层合在一起,激光器置于绝缘体上硅上。该量子点激光器是通过分子束外延技术在 GaAs(100)衬底上生长的,量子点区域有 8 个量子点层,量子点增益区的上、下包层为 n 型和 p 型 $Al_{0.4}Ga_{0.6}As$,包层厚度超过 1 μm,其掺杂浓度为 10^{18} cm^{-3} 和 10^{19} cm^{-3}。绝缘体上硅掺硼构成 p 型衬底,绝缘体上硅顶部为 8 μm 宽、厚 500 nm 的硅波导,波导两侧为条带形的金属条。金属条带为三明治结构,中心层为 400 nm 厚的镀金层,上、下层为 50 nm 的 AuGeNi 金属层,金属条带作为激光器的一个电极。激光器与绝缘体上硅键合后,上方沉积 100 nm 厚 SiO_2 层、n 型 GaAs 接触层和 Au/AuGeNi 电极层。激光器的谐振腔由解理面构成,腔长 2 mm。此激光器的阈值电流为 110 mA。

键合集成量子激光器示意结构如图 12.7 所示。其中图 12.7(a)上方为量子点激光器,通过键合技术与绝缘体上硅集成,绝缘体上硅上方为条形或脊形硅波导,波导两侧为金属层,金属层厚度与波导同高。也可将衬底作为的电极,如图 12.7(b)所示,衬底和波导包层掺杂,确保导电电阻适宜。

12.5.2 硅基直接集成

硅基上直接外延生长Ⅲ-Ⅴ族激光器被认为是未来实现硅光子器件大规模生产和集成的一种最可行方案,然而,由于大多数量子点激光器材料是 InAs 和 GaAs,这两种材料与 Si 材料存在较大的晶格失配、极性失配和热失配,因此在外延生长过程中会出现晶格失配、位错密度高、反相畴及微裂纹等问题,进而降低器件的发光效率和使用寿命。不过零维量子点结构对晶格位错不敏感,且可以

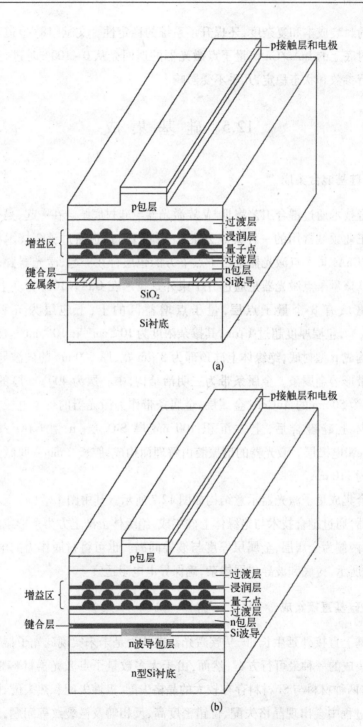

图 12.7　量子点激光器混合集成键合结构示意图

阻止载流子横向扩散和非辐射复合,使得量子点激光器引起了人们极大关注。文献[20]报道直接在硅衬底下通过外延生长技术制造 GaAs/InGaAs 量子点微环激光器,其输出波长为 1.3 μm,在几何尺寸为 50 μm 的激光器中,阈值电流小于 15 mA,连续激光输出运行温度达 100℃。该文献报道其最小激光器几何尺寸为 5 μm 时,阈值电流仅 0.6 mA。表明了直接在硅衬底上大规模制造量子激光器是可行的,为硅基激光光源的开发和应用确定了方向。文献报道[21]报道有源层由 5 个 InAs/InGaAs 量子点 DWELL 结构层,每相邻两量子点层之间为 50 nm 厚的 GaAs 隔离层,有源层的上、下包层为 $Al_{0.40}Ga_{0.60}As$,激光器是直接生长在 Si 衬底上,激光器尺寸为 10 μm 宽、3 mm 长,波长 1 297 nm,注入电流 250 mA 时连续输出激光功率为 20 mW。

12.6　锁模半导体量子点激光器

高频率飞秒脉冲光源在大流量通信、光开关、光互连和大规模集成微处理器、高速电光抽样系统中起重要作用,在第 3 章介绍了可集成的锁模激光器,其增益区为量子阱结构,如用量子点替代量子阱,即为锁模半导体量子点激光器。首先报道的被动锁模量子点激光器[22]运行在 1.3 μm 波长,量子点材料为 InAs/GaAs;其后,波长为 1.5 μm 被动锁模量子点激光器相继出现,使用 InAs/InP 作为量子点材料[23-25]。锁模半导体量子点激光器有潜力替代锁模半导体量子阱激光器,产生高频率皮秒和亚皮秒光脉冲。同具有相近结构和掺杂浓度的量子阱、量子线激光器相比,量子点激光器有较宽的增益带宽、较好的温度稳定特性、较低的功率消耗、较快的载流子动力特性,这些优势有助于此激光器作为光子集成系统中一种潜在的超快光源。

激光器锁模分为主动锁模和被动锁模两种方式。主动锁模技术在于利用主动元件,如声光和电光元件,在激光腔内引入周期性的损耗,当增益大于损耗,就产生脉冲输出,一般情况下,调制周期为脉冲在腔内传输一周的时间。由于脉冲是通过主动调控实现的,这种锁模通常被称为主动锁模。被动锁模引入损耗不需要外界的调制,而是由腔内可饱和吸收体自身特性来触发,其损耗由脉冲的光强调制,光强越大,损耗就降低,在达饱和后损耗快速恢复,从而实现超短脉冲输出。对于集成光子系统,目前报道大多以被动锁模予以实现。

12.6.1　量子点材料和锁模量子点激光器结构

文献［26］报道利用分子束外延（MBE）技术制造 5 层和 10 层 InAs/ In$_{0.15}$Ga$_{0.85}$As 量子点/量子阱单层结构，每两个单层量子点之间隔离材料为 GaAs， 衬底为 GaAs，激光器整体做成脊形结构。文献［27］报道利用分子束外延 （MBE）技术，采用与文献［26］中相同的激光器材料，制造 5 层 InAs/In$_{0.15}$Ga$_{0.85}$As 量子点/量子阱单层结构，激光器长 2 mm，宽 6 μm，输出激光波长为 1 280 nm，其 脉冲宽度达 800 fs，峰值功率达 260 mW。

文献［28］报道以 5 层 InP/Ga$_{0.51}$In$_{0.49}$P 量子点/量子阱单层结构作为工作介 质，单层量子点之间隔离材料为（Al$_{0.3}$Ga$_{0.7}$）$_{0.51}$In$_{0.49}$P，衬底为 GaAs，激光器长 3 mm，输出激光波长为 734.69 nm，线宽 0.18 nm，脉冲宽度 6 ps，重复率 12.55 GHz，平均激光功率 1.74 mW，量子点结构利用 MOCVD 技术制。图 12.8 为 其激光器结构示意图，激光器由增益区和可饱和吸收区两部分构成，前端面和后 端面为解理面，构成 F－P 谐振腔。

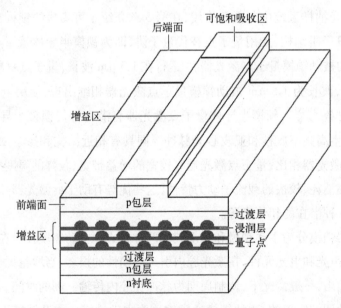

图 12.8　两段结构量子点锁模激光器结构示意图

文献［29］报道量子点啁啾结构超短脉冲激光器，增益区由 7 层不同厚度的 InAs 量子点、InGaAsP 隔离层组成，整体在 InGaAsP 波导结构中，波导上、下层为

p 型和 n 型 InP 层,InP 层的上方再沉积重掺杂 InGaAs 层形成电极,衬底为 InP 层,解理后构成 F - P 腔,激光器长 1 mm、波导宽 6 μm,输出激光波长为 1 550 nm,脉冲宽度 322 fs,重复率 12.55 GHz,平均激光功率达 60 mW,峰值功率为 6.8 W。

以上为电注入实现激光锁模。文献[30]报道光注入锁模,增益区由 10 层 InAs/GaAs 量子点单层组成,激光器总长为 4～4.3 mm,吸收区 0.5 mm,波导宽 3 μm,输出激光波长 1 310 nm。光注入锁模可使得输出激光线宽变窄,稳定性增强,时间抖动减弱,噪声减少。

12.6.2　减小锁模量子点激光器脉冲宽度和提高功率技术

脉冲宽度和功率是超短脉冲激光器的两个关键指标,通常情况下,同时获得最短的激光脉冲和最大的光功率输出有一定难度,不过,可以改变激光器几何结构和调整电流注入方案,达到改善激光器的锁模特性、缩短输出光脉冲宽度、增加输出激光功率的目的。

半导体激光器中,最早利用块结构和离子注入可饱和吸收体实现锁模产生超短脉冲输出是在 1981 年报道的[31],不久,在量子阱结构激光器中引入被动锁模技术,超短脉冲激光器的性能取得很大改进[32]。主要原因是量子阱结构的尺寸约束效应起了作用,有源区成为一维结构,载流子在量子阱中的态密度函数被修改,在增益和可饱和吸收区的饱和能量比增加。饱和能量比是实现锁模的一个关键参数,量子点中载流子运动在三维方向受到限制,成为零维结构,态密度函数被更大程度地修改,理论上会产生更大幅度的改进。事实上,不仅因为量子点中载流子态密度函数被修改,成为类似 δ 函数,而且有源区体积减小,与块结构和量子阱结构激光器相比,量子点锁模激光器显示出较多的优势,如阈值电流低、发射光谱宽、约束因子小、线宽增强因子小、内部损耗低、吸收饱和能量低、增益饱和能量高、载流子动态响应超快,这些因素对改进激光器的锁模特性(运行稳定性、脉冲宽度、啁啾、输出功率和噪声)起重要作用。低阈值电流、低内部损耗、小约束因子有助于减少激光器的噪声。低吸收饱和能量、超快动态恢复是锁模激光器中理想的可饱和吸收体的基本特性。增益的高饱和能量可提升脉冲峰值功率。

半导体锁模激光器中,无论是块结构,还是量子阱、量子点结构,实现锁模稳态运行是通过平衡脉冲展宽和脉冲变窄机制实现的,激光腔内可饱和吸收体反向偏置,这种偏置使得脉冲变窄,脉冲展宽由正向偏置段增益饱和引起,脉冲宽度受增益区和可饱和吸收区的饱和能量比的影响。增益区和可饱和吸收区的饱和能量:

$$E_{\text{sat}} = \frac{h\gamma A}{\Gamma \mathrm{d}g/\mathrm{d}n} \tag{12.15}$$

式中,$h\gamma$ 为光子能量;A 为模面积;Γ 是约束因子;$\mathrm{d}g/\mathrm{d}n$ 为微分增益,n 为载流子浓度,在不同区段用不同值。激光脉冲的光谱宽度、腔内自相调制特性、波动色散、自发辐射噪声等其他参数对脉冲形状的动态变化和脉冲宽度有重要影响,腔内增益和吸收损耗恢复过程特性对超短脉冲的宽度有重要影响,特别是对亚皮秒脉冲。

增益区和可饱和吸收区的饱和能量比是锁模激光器中影响脉冲形状的重要因素,在半导体激光器中,当载流子密度增加,增益的变化率减小,即微分增益减小,在吸收区的微分增益大于增益区的微分增益。在半导体量子阱激光器中,因态密度有限,吸收区的微分增益更大于增益区的微分增益。量子点激光器,因态密度函数是离散的,吸收区的微分增益大于增益区微分增益的现象更强,从增益区和可饱和吸收区的饱和能量表达式可以得知,增益区与吸收区的能量比增加。增益区与吸收区的饱和能量比增加使得激光器中脉冲展宽减小,从而获得较短的激光脉冲。还可通过增加增益区的模面积提高增益区的能量,从而进一步提高增益区与吸收区的能量比。为实现这个目标,激光器中可采用锥形结构波导,即在增益区的波导宽度大于吸收区的宽度。

如果提高饱和吸收的恢复速度,也可减少激光输出脉冲宽度。一般情况下,下一个脉冲到达吸收区时,吸收区要达到全吸收状态,方可实现稳定的锁模脉冲输出。饱和吸收快速恢复是通过给吸收区施加强的反向偏置,提高吸收区载流子的移出率实现的。

上述内容介绍了减少输出光脉冲宽度和提高输出功率的技术路线,以下为具体策略。

1. 改变增益区和吸收区的长度改善量子点锁模激光器的性能

在量子点锁模激光器中合理采用增益区、吸收区和无源波导区多段结构,可以缩短输出激光脉冲宽度、增加激光输出功率。文献[33]显示在激光器中设置无源波导区,其脉冲宽度减少 34%,峰值激光功率增加 49%。这种结构由于引入了无源波导,一方面减少了增益区的微分增益,另一方面相当于增加腔内损耗,以致激光阈值电流密度增加。这两方面结果使得增益区的饱和能量增加。

改变增益区与吸收区的长度比,长度比合理取值可以减小输出激光脉冲宽度、增加激光输出功率。文献[34]报道,在两段结构量子点锁模激光器中,减小增益区与吸收区的长度比可以缩短输出激光脉冲。其结果显示,当增益区与吸收区比值从 14∶1 变化到 3∶1 时,脉冲宽度从 2.3 ps 缩短到 800 fs;平均功率增加到原来的 5 倍,从 1 mW 增加到近 5 mW;峰值功率从原来的 19 mW 增加到 260 mW。其原因是增加吸收区的长度,增加了对脉冲能量的吸收。另外,因为增加吸收区的长度,相应固定腔长内增益区的长度减少,脉冲在增益区放大过程展宽量变弱,因而总的效果是脉冲变窄。此外,增加吸收区的长度除了增加对光脉冲能量的吸收外,在谐振腔内还引入了额外的损耗,导致激光器的阈值电流增加,使得激光器在较大的驱动电流下运行,导致激光器在增益区饱和能量增加,引起激光脉冲输出功率增加。

2. 改变增益区结构形状

从方程式(12.15)可知,改变增益区的模面积可改变增益区饱和吸收能量,有助于提高输出功率,减少光脉冲宽度。文献[35]报道 InGaAs 量子点增益区波导做成锥形结构,可饱和吸收区为窄条形波导,激光器全长 1.7 mm,其中增益区波导长 1.46 mm,波导锥角 3.6° 两端宽度分别为 100 μm 和 4 μm,吸收区长 240 μm、宽 4 μm,波导厚度约 120 nm,激光器输出中心波长 1 280 nm,输出平均功率 10 mW,峰值功率 500 mW,脉宽 780 fs,重复率 24 GHz。用相同量子点、吸收区结构,相同增益长度以及吸收区长 260 μm 的长条形锁模激光器,其输出平均功率为 1 mW,峰值功率 24 mW,脉宽 1.7 ps。可见改用锥形结构,脉宽减少一半,平均功率增加 10 倍,峰值功率提高 20 倍。其结构类似于图 12.9,可饱和吸收区位于左侧,增益区位于右侧,左、右端面为解理面,也可镀膜,形成激光谐振腔。

增益区变为锥形结构增加了增益区的体积,是激光器的能量和功率输出提高的一个因素。窄条形波导吸收区起到了滤波作用,抑制了激光谐振腔内高阶横模。而增益区的有效模面积大于吸收区的模面积,进一步提高了增益区与吸收区的饱和能量比。这些变化使得脉冲变得更短,脉冲能量提高,从而激光器的输出峰值功率和平均功率都增加。

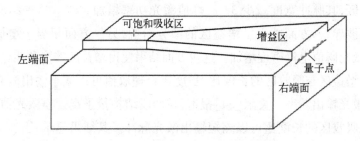

图 12.9　增益区为锥形波导结构量子点锁模激光器示意图

3. 优化增益区和可饱和吸收区的偏置电压和注入电流

对于量子点锁模激光器,在增益区施加正向偏置电压,在可饱和吸收区施加反向偏置电压,合理给定施加于增益区和可饱和吸收区的电压值,优化增益区和可饱和吸收区的注入电流可以有效缩短输出激光脉冲和增加激光输出功率。文献[34]对不同的增益区和饱和吸收区的长度比进行测试,结果显示,当长度比在 3∶1 至 7∶1 时,增加可饱和吸收区的反向偏置电压,激光脉冲可大幅度变窄,从 2.3 ps 变为 800 fs,但当增益区和饱和吸收区的长度比为 14∶1 时,激光脉冲宽度的变化相对较弱。其结果显示,在一定范围内,当长度比减小,增加可饱和吸收区的长度,激光输出峰值功率和平均功率明显增加。

这些表明,优化增益区和可饱和吸收区的偏置电压和注入电流可改善量子点锁模激光器的性能,使输出脉冲变窄,输出激光功率增加。其根本原因在于,改变增益区和可饱和吸收区的偏置电压,意味改变了它们的注入电流和载流子密度,不仅关系到增益、微分增益的大小,还影响到腔内损耗,引起增益区和可饱和吸收区的饱和能量变化,最终引起激光输出脉冲宽度和输出功率变化。

12.6.3　噪声特性

同块结构和量子阱结构半导体激光器相比,量子点半导体激光器具有高增益、高饱和能量,增益区脉冲展宽相对小,而且量子点在波导中呈现较低损耗,较少的自发辐射,较低线宽强化因子,这些因素使得锁模量子点激光器噪声相对较低,获得较高功率和较短脉冲,特别是在重复频率和运行稳定性方面,锁模量子点激光器比块结构和量子阱结构半导体激光器更具有优势。文献[36]报道腔长为 0.5 mm 量子点半导体激光器的重复频率达到 80 GHz。

12.7 半导体量子光源

12.7.1 半导体量子光源应用

量子光源是量子通信、量子计算和量子测量等多种量子应用系统的关键器件,随着量子计算、量子密码术和量子网络通信等技术的发展,高效的、高保真度的、按需发射的、具有高度全同性的单光子源和纠缠双光子源的需求变得越来越紧迫,光子的全同性又称不可区分性。因三维尺寸约束效应,半导体量子点呈现离散的能级分布,这种特征,使得量子点在特定的光学谐振腔中能够成为理想的单光子源和纠缠双光子源。以下分别介绍单光子源和纠缠双光子源。

12.7.2 半导体量子点单光子源

单光子是一种不可再分的光场基元。利用单光子作为载体输出的量子信号具有极高的安全性,原理上任何攻击者都不能从信号中窃取部分信号而不破坏原有的信息。早期制备单光子态的光子源的主要方法是激光光源衰减法,通过一步一步对激光器发出的光束进行衰减,直到包含在每一个脉冲里的平均光子数量小于某个值。这种方法存在不少问题,衰减激光过程中消除多光子、非线性过程产生单光子效率低,可操控频率低,操控复杂,发光亮度低等等。

具有纳米结构的半导体量子点光子源,则利用量子点类似于单个原子系统的离散量子态能级特性,结合特定的微腔结构,通过电注入或光泵浦,产生单光子。量子点光子源是一种主动光源,可按需产生单光子,这在未来的量子信息系统中具有广阔的应用前景。

基于量子点的半导体量子光源近年来得到了广泛而深入的研究,基于量子点的量子光源可被用于量子密钥分发、量子态转移和量子中继,将在构建量子网络中发挥重要作用。

1. 垂直微腔半导体量子点单光子源

垂直微腔量子点单光子源结构如图 12.10 所示,总体结构与垂直表面发射半导体量子点激光器类似,微腔构建于衬底之上,微腔下方为高反射布拉格反射镜,微腔上方为有一定透过率的布拉格反射镜,量子点位于两布拉格反射镜之间。为实现单光子输出,微腔的表面积和直径小,整体呈现为柱形结构。

文献[37]报道了柱形结构量子点单光子源,InAs 量子点位于 40 nm 厚的 GaAs 量子阱中,包覆层为 $Al_{0.95}Ga_{0.05}As$ 材料,形成 $\lambda/2$ 厚的中心层。圆柱的直径为 4 μm;柱形微腔上方的布拉格反射镜的周期数为 16,p 型掺杂;微腔下方布拉格反射镜的周期数为 36,n 型掺杂;为制备电极,在柱形微腔外围构造长和宽均为25 μm的框架结构,并在框架与柱形微腔之间构造厚度为 1 μm 的连接结构,这框架与定义的金属电极搭接,便于驱动电源施加电压。实验测试显示,低温 35 K 下,用波长为 850 nm 激光激发量子点,当外加反向偏置电压为 0.45 V,因珀塞尔(Purcell)效应产生较高亮度的单光子发射。这种结构技术上要解决两个方面的难题:一是定义电极尺寸,尺寸范围从几百纳米到几微米。这个问题可以通过材料氧化工艺予以解决,以便控制光场和微腔的大小。第二个难题是精确定位量子点的位置,以便实现量子点发射光波与谐振腔光模的共振。该文献利用超低温共焦显微镜,使用激发波长 850 nm、曝光波长 532 nm 和实时探测光刻技术,精确插入量子点到指定位置,解决了这个难题。其光子的收集效率达到 53%。

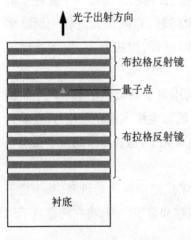

图 12.10　柱形微腔量子点单光子源结构示意图

2016 年,文献[38]报道了类似于图 12.10 所示结构的 InGaAs 量子点单光子源,量子点单光子源的性能获得了进一步的改进,实现了高全同性、高纯度、高亮度的单光子输出。其 InGaAs 量子点位于微腔结构的中间 50 nm 范围内,量子点的上、下方为 $GaAs/Al_{0.9}Ga_{0.1}As$ 布拉格反射镜,整体上形成 p-i-n 结构,上方为 p 结构,下方为 n 结构,在外加电压作用下,输出单光子的全同性为 0.995 6±0.004 5,纯度达到 0.002 8±0.001 2,收集效率为 65%。因采用共振谐振腔结构,光源亮度大幅度增加。在这之前,极少有如此高全同性、高纯度、高亮度的报道。

2. 环形布拉格微腔半导体量子点单光子源

环形布拉格微腔半导体量子点单光子源结构如图 12.11 所示,与垂直微腔结构不同,微腔虽然也是构建于衬底之上,但微腔是由环形布拉格反射镜构成,其介质折射率沿径向周期变化,量子点位于环形布拉格反射镜中心,衬底与环形布拉格微腔之间有过渡缓冲层,环形布拉格微腔整体很薄。

文献[39]报道设计和制作了环形布拉格微腔 InAs 量子点单光子源,衬底为 GaAs,此环形布拉格微腔中心区域是自组装生长的 InAs 量子点,中心量子点区域直径为 4 倍的光栅周期 Λ。InAs 量子点是在 1 μm 厚 $AlGa_{0.6}As_{0.4}$牺牲层上的。环形布拉格光栅材料为 GaAs,GaAs 是通过分子束外延生长的,通过电子束刻蚀、$Ar-Cl_2$感应耦合等离子体反应刻蚀、HF蚀刻制作光栅结构,光栅厚度为 190 nm。此光栅周期满足二阶布拉格条件,即

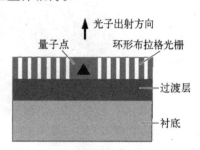

$$\Lambda = \frac{\lambda_{qd}}{n_{eff}} \qquad (12.16)$$

其中,n_{eff} 为光栅的有效折射率;λ_{qd} 为量子点发射光子波长。通过实验测试,极低温度下,利用波长为 820~950 nm 的光源进行激发,获得

图 12.11 环形布拉格微腔结构示意图

了单光子发射,光子的收集效率达到 10%,但发射单光子的纯度有限,出现多光子发射。为此,文中建议采用浅的光栅结构,即采用较薄光栅,抑制多光子发射。

3. 微环共振腔和超构透镜结构

单光子携带轨道角动量可为高维量子信息处理提供方便、可控的量子光源。2021 年,文献[40]报道将 InAs/GaAs 单量子点置入角向光栅微环谐振腔中,光在微环谐振腔中传播时,与微环谐振腔的腔模耦合之后,沿着微环波导顺时针和逆时针传播,形成传播波矢相反的顺时针回音壁模式和逆时针回音壁模式,两种模式被角向光栅调制,存在于微环内部的模式以螺旋传播方式被散射到自由空间,产生了高亮度的轨道角动量单光子,其微环谐振腔产生角动量单光子原理和结构如图 12.12(a)所示。这种带有角动量单光子的纯度达到 0.115,收集效率达到 23%。

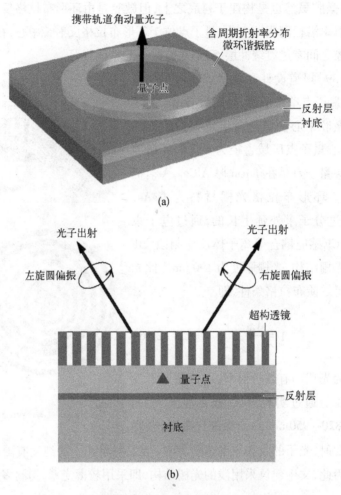

图 12.12　微环谐振腔产生角动量单光子结构示
意图(a)与超构透镜结构示意图(b)

　　超构透镜是厚度为亚波长、可对光的相位、偏振和其他光学参数进行调控的
人工结构元件。2020 年,文献[41]报道利用具有双焦点的硅基超构透镜对光子
自旋态进行调控,超构透镜由大量长 280 nm、宽 140 nm、高 600 nm 立方体微元按
照设计的位置和方向分布组成,超构透镜下方设有金反射层,金反射层与超构透
镜之间为 SiO₂,InAs 量子点位于金反射层和超构透镜之间的 SiO₂ 中,在设计和
制作时,将量子点和它的镜像置于超构透镜的两个焦点上。利用波长 780 nm、
脉冲宽度为 100 fs、重复率为 79 MHz、功率为 1.5 μW 的钛宝石激光器输出的激
光束激发量子点,量子点发出左旋圆偏振和右旋圆偏振两个相反的自旋态光子,

发光波长从 880 nm 到 950 nm。该文献指出,对超构透镜结构合理设计,可实现按需自旋态的单光子输出。其超构透镜结构、左旋和右旋圆偏振光子出射方向示意图如图 12.12(b)所示。

12.7.3　半导体量子点纠缠双光子源

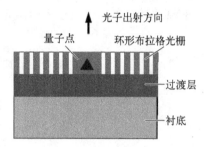

　　文献[42]利用环形布拉格微腔结构实现了高亮度、高全同形和高纯度的纠缠双光子发射。与图 12.11 结构不同的是在环形布拉格微腔的下方沉积了一薄层金层,此薄层起高反射镜作用。泄漏到衬底的光子被这层金薄膜反射,被环形布拉格谐振腔捕捉,从而向上发射,因此,量子点产生的光子全部向上发射。此结构示意图见图 12.13,上方为主视图,下方为俯视图。中心为 GaAs 量子点,量子点外是 AlGaAs,沿半径方向是环形 AlGaAs 光栅结构,由电子束刻蚀制作的。下方 SiO_2 的厚度为 220 nm,金层厚度为 100 nm,金层是感应耦合化学气相沉积制作的,金层是通过光胶黏结在玻璃上的,玻璃作为衬底。发射的纠缠双光子主要运行波长在 770 nm,实验测试结果显示获得了高亮度的纠缠双光子,双光子收集效率达 0.65,单光子收集效率为 0.85,纠缠双光子保真度 0.88,全同性达 0.9。

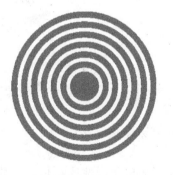

图 12.13　下方设有高反射层的环形布拉格微腔结构示意图

12.7.4　半导体量子光源特性参数

　　表征量子光源质量的特性参数目前主要有单光子或纠缠双光子的纯度、全同性、亮度、收集效率,以下分别介绍。

1. 单光子的纯度

　　单光子的纯度用二阶相关函数值来表征,可通过汉伯里-布朗-特维斯(Hanbury-Brown and Twiss)实验进行测量[42],其实验原理如图 12.14 所示。光子发射送入光分光元件,被分离的光子分别送入两个单光子探测器,两探测器的输出信号送入电子时间相关仪,测量产生光子的时间差,这时间差带有光子纯度信息。单光子的纯度由二阶相关函数值计算获得,其计算式如下:[42]

$$g^2(\tau)\mid_{\tau=0} = \frac{\langle n_1(t)n_2(t+\tau)\rangle}{\langle n_1(t)\rangle\langle n_2(t+\tau)\rangle} \tag{12.17}$$

式中,$n_1(t)$ 和 $n_2(t+\tau)$ 分别表示 t 和 $t+\tau$ 时刻两探测器信号强度或检测到的光子数,τ 为时间延迟。单光子的纯度为 $\tau=0$ 的二阶相关函数值,对于理想单光子源,$g^{(2)}(0)=0$;对于入射激光束,$g^{(2)}(0)=1$;对于热光源,$g^{(2)}(0)=2$。

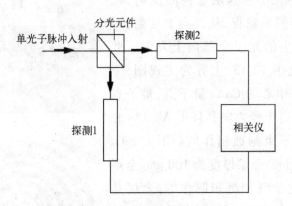

图 12.14　单光子纯度测试原理图

2. 全同性

光子的全同性或不可区分性是量子技术中表征光子的一个很重要的性质,特别是在量子通信领域,要求光子具有高度全同性。光子的全同性可通过洪-欧-曼德尔(Hong-Ou-Mandel)实验测试[43],文献[44]对此实验装置进行改进,如图 12.15 所示,这装置实际上是迈克耳孙干涉仪。单光子源以一定的时间间隔发射光子,光子经分光元件分成两个路径。其中一路光束在分光元件位置 A 处经分光元件反射进入棱镜 1,这路光束途经分光元件 B 处再一次被分为两路;其中一部分光直接进入探测器 2,另一部分光在分光元件 B 处反射进入探测器 1。原先在分光元件 A 处的第二束光直接进入第二个棱镜 2,经两次反射后传输被延迟一段时间到达分光元件 B 处,也被第二次分离,其中一部分直接透射经反射进入探测器 1,另一部分光到达分光元件 B 处经反射进入探测器 2。依据探测器 1 和探测器 2 的信号响应以及它们的相关数据,可以判定发射光源的全同性的程度。

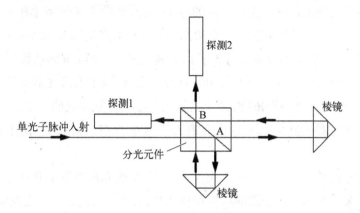

图 12.15　光子全同性测试原理图

文献[45]利用这种方法对柱形微腔结构量子点光源发出光子的全同性进行测量,其值达 82%,并对单位时间内的发射的光子数进行了测量,其收集效率达 65%。

3. 亮度

目前有多种方式表征单光子和纠缠光子的亮度,如探测器的强度、单位时间内发射光子数等。在高速发射光子的情况下,可用灵敏的光探测器进行检测,测出的功率越高,对应的单位时间内探测器接收的能量越高,亮度越高。在较低发射情况下,可用单光子计数探测设备进行测量。有文献指出,较科学的表征方法是用光脉冲中含单个光子的概率来表征单光子和纠缠光子源发出光子的亮度。

4. 收集效率

收集效率也是单光子源的一项重要指标,早期单光子源的收集效率较低。当量子点单光子发射源的构造采用柱形布拉格反射镜结构或环形布拉格微腔结构,利用布拉格反射和 Purcell 增强效应,其收集效率可得到较大提高,文献[46]报道环形布拉格微腔 InGaAs 量子点单光子源的收集效率达到 62%。

12.8　小　　结

量子点激光器有自己的优势,阈值电流低、高温运行稳定、抗外界干扰性能好,其阈值受量子点结构、阵列分布密度的影响,量子点激光器可获得 85% ~ 90% 的微分效率。量子点激光器有很大潜力作进一步的改进,目前量子点激光器实际性能与理论预测相比有一定的差距,主要是量子点的尺寸和量子点密度分布不均匀所致。目前制造量子点激光器的材料大多是 InAs 和 GaAs 量子点激光器,其发射波长从 0.8 μm 至 1.3 μm,光通信波段 1.55 μm 和较长波长 1.9 μm 也有出现。随着研究进一步深入和新材料的出现,量子点激光器的性能将不断改善,波长范围将进一步拓展,量子点激光器是激光器发展的一个重要方向,因为量子点激光器比其他激光器更有潜力直接生长在硅衬底上,便于硅基光子集成。

　　量子光源是量子通信的核心元件之一,本章简要地介绍了几种半导体量子点单光子源和纠缠双光子源的结构和特性参数,量子通信处于高度发展阶段,新型高质量的量子光源将不断涌现,对它们的探索具有重要价值。

参 考 文 献

[1] Grundmann M, Stier O, Bimberg D. InAs/GaAs pyramidal quantum dots: Strain distribution, optical phonons, and electronic structure. Physical Review B, 1995, 52: 11969 – 11981.

[2] Stier O, Grundmann M, Bimberg D. Electronic and optical properties of strained quantum dots modeled by 8 – band K-P theory. Physical Review B, 1999, 59(8): 5688 – 5701.

[3] Miyamoto Y, Cao M, Shingai Y, et al. Light emission from quantum-box structure by current injection. Japanese Journal of Applied Physics, 1987, 26: L225 – L227.

[4] Porsche J, Ost M, Scholz F, et al. Growth of self-assembled InP quantum islands for red-light-emitting injection lasers. IEEE Journal of Selected Topics in Quantum Electronics, 2000, 6(3): 482 – 490.

[5] Kirstaedter N, Ledentsov N N, Grundmann M, et al. Low threshold, large T_0 injection laser eission from InGaAs quantum dots. Electronics Letters, 1994, 30: 1416 – 1417.

[6] Wang T, Liu H, Lee A, et al. 1.3 – μm InAs/GaAs quantum-dot lasers monolithically grown on Si substrates. Optics Express, 2011, 19(12): 11381 – 11386.

[7] Heck M J, Bente E A, Smalbrugge B, et al. Observation of Q-switching and mode-locking in two-section InAs/InP (100) quantum dot lasers around 1.55 μm. Optics Express, 2007, 15 (25): 16292 – 16301.

[8] Lelarge F, Rousseau B, Dagens B, et al. Room temperature continuous-wave operation of

buried ridge stripe lasers using InAs – InP (100) quantum dots as active core. IEEE Photonics Technology Letters, 2005, 17(7): 1369 – 1371.

[9] Wang Y, Chen S, Yu Y, et al. Monolithic quantum-dot distributed feedback laser array on silicon. Optica, 2018, 5(5): 528 – 533.

[10] Finke T, Sichkovskyi V, Reithmaier J P. Quantum-dot based vertical external-cavity surface-emitting lasers with high efficiency. IEEE Photonics Technology Letters, 2021, 33(14): 719 – 722.

[11] Tong C Z, Xu D W, Yoon S F, et al. Temperature characteristics of 1.3 μm p-doped InAs-GaAs quantum-dot vertical-cavity surface-emitting lasers. IEEE Journal of Selected Topics in Quantum Electronics, 2009, 15(3): 743 – 748.

[12] Chang Y H, Peng P C, Tsai W K, et al. Single-mode monolithic quantum-dot VCSEL in 1.3 μm with sidemode suppression ratio over 30 dB. IEEE Photonics Technology Letters, 2006, 18(7): 847 – 849.

[13] Peng P, Lin G, Kuo H, et al. Dynamic characteristics and linewidth enhancement factor of quantum-dot vertical-cavity surface-emitting lasers. IEEE Journal of Selected Topics in Quantum Electronics, 2009, 15(3): 844 – 849.

[14] Yu H C, Wang J S, Su Y K, et al. 1.3 μm InAs-InGaAs quantum-dot vertical-cavity surface-emitting laser with fully doped DBRs grown by MBE. IEEE Photonics Technology Letters, 2006, 18(2): 418 – 420.

[15] Paranthoen C, Levallois C, Brevalle G, et al. Low threshold 1 550 – nm emitting QD optically pumped VCSEL. IEEE Photonics Technology Letters, 2021, 33(2): 69 – 72.

[16] Zhu S, Shi B, Lau K M. Electrically pumped 1.5 μm InP-based quantum dot microring lasers directly grown on (001) Si. Optics Letters, 44(18): 4566 – 4569.

[17] Zhou T, Tang M, Xiang G, et al. Ultra-low threshold InAs/GaAs quantum dot microdisk lasers on planar on-axis Si (001) substrates. Optica, 2019, 6(4): 430 – 435.

[18] Duan J, Huang H, Dong B, et al. 1.3 – μm Reflection Insensitive InAs/GaAs quantum qot lasers directly grown on silicon. IEEE, Photonics Technology Letters, 2019, 31(5): 345 – 348.

[19] Jhang Y H, Tanabe K, Iwamoto S. InAs/GaAs quantum dot lasers on silicon-on insulator substrates by metal-stripe wafer bonding. IEEE Photonics Technology Letters, 2015, 27(8): 875 – 878.

[20] Wan Y, Noran J, Li Q, et al. 1.3 μm submilliamp threshold quantum dot micro-lasers on Si. Optica, 2017, 4(8): 940 – 944.

[21] Shutts S, Allford C P, Spinnler C, et al. Degradation of Ⅲ – Ⅴ quantum dot lasers grown

directly on silicon substrates. IEEE Journal of Selected Topics of Quantum Electronics, 2019, 25(6): 1900406.

[22] Huang X, Stintz A, Li H, et al. Passive mode-locking in 1.3 μm two-section InAs quantum dot lasers. Applied Physics Letters, 2001, 78: 2825 - 2827.

[23] Renaudier J, Brenot R, Dagens B, et al. 45 GHz self-pulsation with narrow linewidth in quantum dot Fabry-Perot semiconductor lasers at 1.5 μm. Electronics Letters, 2005, 41: 1007 - 1008.

[24] Heck M J, Bente E A, Smalbrugge B, et al. Observation of Q-switching and mode-locking in two-section InAs/InP (100) quantum dot lasers around 1.55 μm. Optics Express, 2007, 15: 16292 - 16301.

[25] Lu Z G, Liu J R, Raymond S. 312 - fs pulse generation from a passive C-band InAs/InP quantum dot mode-locked laser. Optics Express, 2008, 16(14): 10835 - 10840.

[26] Ustinov V M, Zhukov A E, Maleev N A, et al. 1.3 μm InAs/GaAs quantum dot lasers and VCSELs grown by molecular beam epitaxy. Journal of Crystal Growth, 2001, 227/228: 1155 - 1166.

[27] Rae A R, Thompson M G, Kovsh A R, etc. InGaAs - GaAs quantum-dot mode-locked laser diodes: Optimization of the laser geometry for subpicosecond pulse generation. IEEE Photonics Technology Letters, 2009, 21(5): 307 - 309.

[28] Li Z, Allford C P, Shutts S, et al. Monolithic InP quantum dot mode-locked lasers emitting at 730 nm. IEEE Photonics Technology Letters, 2020, 32(17): 1073 - 1076.

[29] Gao F, Luo S, Ji H, et al. Ultrashort pulse and high power mode-locked laser with chirped InAs/InP quantum dot active layers. IEEE Photonics Technology Letters, 2016, 28(13): 1481 - 1484.

[30] Habruseva T, Huyet G, Hegarty S P. Dynamics of quantum-dot mode-locked lasers with optical injection. IEEE Journal of Selected Topics of Quantum Electronics, 2011, 17(5): 1272 - 1279.

[31] Van der Ziel J P, Tsang W T, Logan R A, et al. Subpicosecond pulses from passively mode-locked GaAs buried optical guide semiconductor-lasers. Applied Physics Letters, 1981, 39: 525 - 527.

[32] Silberberg Y, Smith P W, Eilenberger D J, et al. Passive-mode locking of a semiconductor diodelaser. Optics Letters, 1984, 9: 507 - 509.

[33] Xin Y C, Li Y, Kovanis V, et al. Reconfigurable quantum dot monolithic multi-section passive mode-locked lasers. Optics Express, 2007, 15: 7623 - 7633.

[34] Rae A R, Thompson M G, Kovsh A R, et al. InGaAs - GaAs quantum-dot mode-locked laser

diodes: Optimization of the laser geometry for subpicosecond pulse generation. IEEE Photonics Technology Letters, 2009, 21(5): 307 – 309.

[35] Thompson G, Rae A, Sellin R L, et al. Subpicosecond high-power mode locking using flared waveguide monolithic quantum-dot lasers. Applied Physics Letters, 2006, 88(13): 133119.

[36] Laemmlin M, Fiol G, Meuer C, et al. Distortion-free optical amplification of 20 – 80 GHz mode locked laser pulses at 1.3 μm using quantum dots. Electronics Letters, 2006, 42: 697 – 699.

[37] Nowak A K, Portalupi S L, Giesz V, et al. Deterministic and electrically tunable bright single-photon source. Nature Communications, 2014, 5: 3240.

[38] Somaschi N, Giesz V, De Santis L, et al. Near-optimal singlephoton sources in the solid state. Nature Photonics, 2016, 10 (5): 340 – 345.

[39] Ates S, Sapienza L, Davanc M, et al. Bright single-photon emission From a quantum dot in a circular Bragg grating microcavity. IEEE Journal of Selected Topics in Quantum Electronics, 2012, 18(6): 1711 – 1721.

[40] Chen B, Wei Y, Zhao T, et al. Bright solid-state sources for single photons with orbital angular momentum. Nature Nanotechnology, 2021, 16(3): 302 – 307.

[41] Bao Y, Lin Q, Su R, et al. On-demand spin-state manipulation of single-photon emission from quantum dot integrated with metasurface. Science Advances, 2020, 6(31): 8761.

[42] Liu J, Su R, Wei Y, et al. A solid-state source of strongly entangled photon pairs with high brightness and indistinguishability. Nature Nanotechnology, 2019, 14: 586 – 593.

[43] Hong C K, Ou Z Y, Mandel L. Measurement of subpicosecond time intervals between two photons by interference. Physical Review Letters, 1987, 59: 2044 – 2046.

[44] Santori C, Fattal D, Vuckovic J, et al. Indistinguishable photons from a single-photon device. Nature, 2002, 419: 594 – 597.

[45] Gazzano O, Vasconcellos S, Arnold C, et al. Bright solid-state sources of indistinguishable single photons. Nature Communications, 2013, 4: 1425.

[46] Wang H, Hu H, Chung T H, et al. On-demand semiconductor source of entangled photons which simultaneously has high fidelity, efficiency, and indistinguishability. Physical Review Letters, 2019, 122: 113602.